资助项目：本著作由全国教育科学"十三五"规划2018年教育部青年专项课题《中职"双师型"教师工匠精神及其养成研究》（课题批准号EJA180475）、贵州省2024年研究生教育教学改革项目《"教育家"精神赋能导师队伍建设研究》（课题编号2024YJSJGXM092）、贵州省哲学社会科学研究专项（全国教育大会精神研究）《加快发展新质生产力赋能贵州省研究生教育高质量发展》、铜仁学院2024年度研究生教育教学改革重点课题《新时代背景下专业学位研究生教育质量评价机制演变与模式探索》资助。

中国社科

工匠精神及其养成研究

杨福林◎著

光明日报出版社

图书在版编目（CIP）数据

工匠精神及其养成研究 / 杨福林著 . --北京：光
明日报出版社，2025. 1. -- ISBN 978 - 7 - 5194 - 8503 - 0

Ⅰ . B822. 9

中国国家版本馆 CIP 数据核字第 2025NZ7794 号

工匠精神及其养成研究

GONGJIANG JINGSHEN JIQI YANGCHENG YANJIU

著　　者：杨福林

责任编辑：杜春荣　　　　　　　　责任校对：房　蓉　乔宇佳

封面设计：中联华文　　　　　　　责任印制：曹　净

出版发行：光明日报出版社

地　　址：北京市西城区永安路 106 号，100050

电　　话：010-63169890（咨询），010-63131930（邮购）

传　　真：010-63131930

网　　址：http://book. gmw. cn

E - mail: gmrbcbs@ gmw. cn

法律顾问：北京市兰台律师事务所龚柳方律师

印　　刷：三河市华东印刷有限公司

装　　订：三河市华东印刷有限公司

本书如有破损、缺页、装订错误，请与本社联系调换，电话：010-63131930

开　　本：170mm×240mm

字　　数：180 千字　　　　　　　印　　张：14.5

版　　次：2025 年 1 月第 1 版　　　印　　次：2025 年 1 月第 1 次印刷

书　　号：ISBN 978 - 7 - 5194 - 8503 - 0

定　　价：89.00 元

序 言

当前，职业教育发展方兴未艾，如火如荼，大有可为，职业教育理论研究和实践探讨也百花齐放、百家争鸣。杨福林老师立足于国家经济发展产业结构转型大背景，结合职业教育研究现状，选取了"双师型"教师"工匠精神"这一关键命题来进行研究，既契合职业教育发展研究需要，又抓住了当前职业教育领域困惑，使整个研究充满了生命力，避免了空洞的说教，具有现实指导意义。

工匠精神在我国五千年的文化演变中一直赋存于各个领域，国务院前总理李克强在 2016 年的政府工作报告中着重提出要大力弘扬"工匠精神"概念，习近平总书记也在 2020 年的全国劳动模范和先进工作者表彰大会上发表重要讲话，希望大家一起努力让劳模精神、劳动精神、工匠精神融入新时代中国特色社会主义建设中来。对于工匠精神的研究重新回归到人们的视野中并掀起了学术探究的热潮，在教育领域，尤其是职业教育领域对于职业院校学生的工匠精神培育、职业院校工匠精神的内涵演变等也有不少研究，然而对于职业院校教师的工匠精神的培育现状和养成途径的探索却缺乏深入的探究。已发表的大多数文献更多的是面向高职院校学生工匠精神的培育，而对于地位同样重要的教师队伍的工匠精神研究则更是少之又少。当前正值我国由制造大国向制造强国转型的重要时期，对技艺精湛、态度敬业的高级技工的迫切需求使得在职业院校培育工匠精神成为当务之急。对教师队伍进行工匠精神的培育是重中之重。杨福林老师在时代的需求中敏锐地抓住职业教育发展的关键点。他将中职学校"双师型"教师"工匠精神"的培育与国家职业教育发展背景及地方经济发展需求有机结合在一起。在对大量中外文献资料进行研究的基础上，深入实地考察调研，运用科学的研究方法，为课题研究提交了优秀的答案。

纵观全书，有两点值得注目。

一是资料丰富和论述翔实并自成体系。该书洋洋洒洒十万言，却没有枝蔓横生杂芜的毛病，章节安排严谨合理，论述的结构也是严格按照其内在逻辑顺序展开。尤其体现作者功力的，是对于研究资料的详尽占有，这既充分显示了厚实的理论功底，又体现了务实的学术精神。同时，书中对于"工匠精神"的培育策略的阐述非常到位，不仅有中外文献的强力支撑，而且显示了作者对于这一问题的深刻思考，显然这一切都在向我们证明，作者在这一问题上有自己独立的思考，因而对于中职学校"双师型"教师工匠精神的培育策略有理有据，令人信服。

二是前沿理论探索与实践论证相得益彰。对于学术著作，固然允许有纯理论的探讨与思考，但是对于职业教育"双师型"教师工匠精神的培育、"校企合作"等实践性较强的命题，提供一些具有可操作性或者可量化的方法、方案更有意义一些。在这方面，作者在文中或多或少做了一些积极的尝试和交代，开出了一系列的对策或者说是"药方"，这对于我们的职业教育实在是春雨甘露，更显难能可贵。

当然，任何一种思考都无法圆融到处处皆是真理的地步。该书也存在这样或那样的问题，如对于文献综述部分的叙述较多，而综合归纳消化吸收则相对较弱；对于有些中职学校"双师型"教师工匠精神培育的具体措施还有待于检验和更进一步的思考，特别是如何更好地加强教师队伍建设、精确调节培养模式及更有效地检验工匠精神培育效度等方面还有待进一步的升华。

"善学者尽其理，善行者究其难。"两千年前大思想家荀子的这句传世名言，在杨福林老师的新作中得到了很好的诠释和印证。杨福林老师的《工匠精神及其养成研究》值得一读，并希望作者能再出更多高水平的研究成果。

梁成艾

2023 年 9 月

目　录
CONTENTS

第一章

选题意义与价值

工匠精神在我国五千年的文化演变中一直赋存于各个领域，国务院前总理李克强在 2016 年的政府工作报告中提出要大力弘扬"工匠精神"，① 习近平总书记也在 2020 年的全国劳动模范和先进工作者表彰大会上发表讲话，希望大家一起努力让"劳模精神、劳动精神、工匠精神"融入新时代中国特色社会主义现代化建设工作中来。② 对"工匠精神"的研究重新回归到人们的视野中，并掀起了学术探究的热潮，在教育学界，尤其是职业教育领域对于职业院校学生的工匠精神培育、职业院校工匠精神的内涵演变等有不少研究，然而对职业院校教师的工匠精神的培育现状和养成路径探索却缺乏深入的探究。已发表的大多数文献更多的是面向高职院校学生工匠精神的培育，而对于地位同样重要的教师队伍的工匠精神研究则是少之又少。当前正值我国由"制造大国"向"制造强国"转型的重要节点，对技艺精湛、态度敬业的高级技工的迫切需求使得在职业院校培育工匠精神成为当务之急。对教师队伍进行工匠精神的培育成为重中之重。2022 年，中共中央办公厅、国务院办公厅发布了《关于深化现代职业教育体系建设改革的意见》，其中强调要"加强'双师型'"教师队伍建设。加强师德师风建设，切实提

---

① 李克强. 2016 年政府工作报告 [R/OL]. 中国政府网，2016-03-05.
② 习近平. 在全国劳动模范和先进工作者表彰大会上的讲话 [EB/OL]. 中国政府网，2020-11-24.

升教师的思想政治素质和职业道德水平。依托龙头企业和高水平高等学校建设一批国家级职业教育"双师型"教师培养培训基地,开发职业教育师资培养课程体系,开展定制化、个性化培养培训。实施职业学校教师学历提升行动,开展职业学校教师专业学位研究生定向培养。实施职业学校名师(名匠)名校长培养计划。设置灵活的用人机制,采取固定岗与流动岗职位相结合的方式,支持职业学校公开招聘业务骨干、优秀技术和管理人才任教;设立一批产业导师特聘岗,按规定聘请企业工程技术人员、高技能人才、管理人员、能工巧匠等,采取兼职任教、合作研究、参与项目等方式到校工作。①

　　基于此背景,本研究将职业院校教师队伍的核心主体"双师型"教师作为研究对象,通过问卷调查,剖析工匠精神培育现状并提出策略,以检验工匠精神在职业教育领域的培育成效,进一步落实"立德树人"根本任务,服务区域经济发展。本研究主要体现以下研究意义与价值。

一、实现大国经济转型的重要抓手

　　进入 21 世纪,我国经济在经历人口红利带来的高速增长期后,已经处在经济发展方式转型的关键节点上。主要表现在经济发展的增长引擎已经逐渐由之前的依赖密集劳力实施产业增值转化成依赖知识驱动产业增值。在新的节点上,党和国家深谋远虑,制定了一系列宏观战略以适应新时代经济发展方式的转型。一是将创新驱动发展战略贯穿于城镇地区的经济社会发展全过程中。《中国制造 2025》战略及大国"工匠精神"等概念的提出,对从业人员的职业能力与核心素养提出了更高的

---

① 中共中央办公厅,国务院办公厅. 中共中央办公厅 国务院办公厅印发《关于深化现代职业教育体系建设改革的意见》[EB/OL]. 中国政府网,2022-12-21.

要求。我国农村人口约占全国总人口的60%，中高职毕业生分布在各产业岗位上并将持续增加，因此对农村劳动力职业能力的培育与提升对于提高产业经济含量、提升产品竞争力以及提升工作效率均有重要的现实意义。而中等职业教育作为直接面向农村培养技术和技能的教育渠道，是实现劳动力整体水平提升的关键。特别是在当前农村劳动力持续大量流入城市的背景下，对转移人口的专业技能与核心素养的提升特别必要。二是针对农村地区，党的十九大报告提出了乡村振兴战略。① 明确要把全党工作的重点放在解决"三农"问题之上，这是维持我国经济社会稳定和谐发展的根本要素，要坚持农业优先发展。而构建现代农业产业体系、生产体系、经营体系，拓宽职业岗位与创收渠道，仅仅依靠过去传统的种植业与渔业等已经不能实现。培养新时代背景下具有较高素质的新型职业农民，核心落脚点是通过职业技术技能培训提升生产力。当前我国大多数贫困地区农民文化程度基本在初中及以下水平，恰恰处于中等职业培训的受众面之内。同时，针对这些贫困地区的中等职业培训也是加快老少边穷地区经济发展、实现区域协调发展战略的重要手段。

二、完善职业教育体系的核心路径

中等职业教育历来是我国职业教育培育体系的主要构成部分，中西部广阔的农村地区更是担任着提升农村基础劳动力职业素养的光荣使命。新中国成立以来，党和国家一直关注并重点发展职业教育，尤其是近年来为提升农村地区职业教育水平更是做出了一系列战略部署。2005年，为落实科教兴国战略和人才强国战略，国务院在《国务院关于大

---

① 习近平. 决胜全面建成小康社会 夺取新时代中国特色社会主义伟大胜利——在中国共产党第十九次全国代表大会上的报告［EB/OL］. 中国政府网，2017-10-27.

力发展职业教育的决定》中明确指出要花大力气开展职业教育，加快促进人力资源开发，要推动我国走实走稳新型智能化工业化之路、解决好"三农"问题、促进广大低学历人员就业和创业。① 2010 年 7 月国务院总理温家宝提出要积极动员全社会的力量举办好职业教育。2014年，《国务院关于加快发展现代职业教育的决定》进一步指出，希望能够让贫困地区的职业教育发展水平在持续提高的同时，也能让少数民族地区中高等职业院校的基础办学经济条件得到提升。② 2017 年 1 月，《国家教育事业发展"十三五"规划》中阐述了要"加大职业教育脱贫力度"，强调要"分类推进，让贫困地区每个劳动者都有机会接受适应就业创业需求的职业教育和培训"③。党的十九大报告中强调继续把大力发展教育事业摆在国民经济工作的先行位置，尽力推进城乡义务教育转型一体化发展，要保持对农村义务教育的高度重视，把学前教育、特殊教育和网络教育办好。彻底实现高中教育的城乡普及化，让每个适龄人员都能完成高质量低成本的教育。同时，还要健全完善中高等职业教育，进一步做好产教融合、校企合作。要明确选准改革方向，按照"管好两端、规范中间、书证融通、多元办学"的原则，把好职业教育课程教学标准和学生毕业资历两个关键点。④ 将职业教育的标准化建设作为兼备中高等职业教育工作推进的着力点，作为服务现代智造业、现代服务业、现代农业发展和实现职业教育现代化的制度保障和智力支

---

① 国务院.国务院关于大力发展职业教育的决定［EB/OL］.中国政府网，2005-10-28.
② 国务院.国务院关于加快发展现代职业教育的决定［EB/OL］.中国政府网，2014-06-22.
③ 国务院.国务院关于印发国家教育事业发展"十三五"规划的通知［EB/OL］.中国政府网，2017-01-19.
④ 国务院.国务院关于印发国家职业教育改革实施方案的通知［EB/OL］.中国政府网，2009-01-24.

持，要进一步加强完善职业教育的标准、评价和保障体系。建立健全各类职业教育学校设置标准，提升师资力量，创新完善课程教材，加大信息化建设力度，确保安全设施落实到位，从而确保中高等职业教育健康有效，坚定服务社会发展、促进职业院校毕业生实现稳定就业创业。要理解好落实好"立德树人"的根本任务，建立健全德育与智育并优、学习与实践相结合的新时代育人机制，完善职业院校各相关评价机制，规范职业院校人才培养和教育的全过程。要进一步深化产教融合力度，拓宽校企合作的范围，采取培育与实训相结合的方式，在有条件的地区构建多元化的职业教育办学新格局，推动高品质企业深度参与协同育人工作，积极支持企业和社会力量等各种校外因素以资金注入、人才帮扶等形式参与各类职业教育。深入推进毕业生资历框架创新建设，探索学历学位证书与职业技能等级证书在普通教育与职业教育间互通互认的可行性。① 党和国家长期以来对职业教育倾注心血，既表明了职业教育在我国教育组成体系中有不可替代的重要作用，同时也折射出职业教育，特别是中等职业教育的发展水平有待提高。无论是在软件还是在硬件上均需要进一步优化提升。从国内职业教育的发展现状来看，高等职业教育的发展高度已经超过了中等职业教育，加大中等职业教育发展力度，提升中职教师队伍的综合实力已经展现出了相当程度的必要性和紧迫性。

三、有助于个体能力的提升

职业教育，乃至于整个教育体系的初心和落脚点，在于通过各种教育方式的传递，将教学理念、知识元素以及特定技术技能传达于受教育

---

① 中共中央办公厅，国务院办公厅. 中共中央办公厅 国务院办公厅印发《关于推动现代职业教育高质量发展的意见》［EB/OL］. 中国政府网，2021-10-12.

者，从而实现学生知识结构的拓展，提升职业技能素养，更重要的是挖掘与释放受教育者的个体能力，从而使受教育者具备独自探索世界未知知识领域、拓宽认知视野的能力。然而纵观国内中等职业教育的发展现状，可以明显看出存在很多问题，从国家的层面上讲，中等职业教育的培育目标很大一部分立足于解决转移劳动力的职业能力和提升从业素质；从地方政府的层面来讲，地方希望通过实施中等职业教育促进地区经济发展；从学校的角度来讲，学校趋向流水线式将受教育学员无差别简单培养毕业。不管从哪个角度来讲，均没有真正关注到受教育者个人能力的培养诉求，也自然不会有针对性地对学员的个人能力发掘提供有针对性的培养计划和课程建设。尤其是对于农村职业教育，受教育者大多是初中毕业后的学生或者接受继续教育的农民，文化素质普遍不高，既不能明确自身的未来职位需求，也不能准确阐述自身的能力缺陷与需求。再加上农村职业教育长期受到社会与教育界的忽视，导致很少有人认真思考如何真正站在农民的角度来提升农民的能力。从农村职业教育的培养效果来看，接受教育后的经济收入是否获得明显的提升是衡量农村职业教育成功与否的重要标准。然而无论是从开发受教育者的智力与能力潜能、实现人的能力的提升和释放来讲，还是从实施乡村振兴战略、建设美好家园、培育新时代中国特色社会主义新型职业农民的角度来讲，均不能仅仅把经济收入是否增加作为农村职业教育是否取得成功的唯一标准。对农民的职业教育培育，首先是对其进行职业观与研究性学习的培训，要训练探索知识的方法与技能，更重要的是提高他们进行创造性学习的积极性与主动性。其次就是学习基础理论知识与实验操作技能，从而使其能更快速熟练地学会先进的经验与技巧，只有"能力+知识+操作技巧"得到系统的训练与掌握，才能真正实现农村职业教育的目标。

四、更好地服务于乡村振兴战略

党的十八大以来，在以习近平同志为核心的党中央坚强领导下，我国"三农"工作取得了长足的进步。在一系列强农惠农富农政策的引导下，农村基础设施不断改善，农业发展势头强劲，农民生活水平与幸福感不断提升。随着农业现代化步伐的不断推进，农村改革工作的不断深入，农村经济、文化、生态文明等各项事业均实现了历史性的突破。然而，在这些成功的背后也存在着一些不足。一是随着我国城镇化的大规模高速度发展，农村劳动力，特别是占据农民生产力主体的青壮年大量到城市务工，从而导致农村有效劳动力急剧减少，不少地区出现只有留守老人和儿童的"空心村"现象。这严重阻碍了农村建设工作。二是广大进城务工农民大多文化水平不高，普遍为高中以下文凭，职业能力积累薄弱，没有具备从事中高端工种所需要的职业素养，于是只能在城市从事体力工作或者其他附加值极低的脑力工作，从而导致收入偏低，既无力在城市定居，也无法再回到农村从事农业生产活动，在经济不断快速发展与城市化进程不断加速的情况下，大量进城务工农民渐渐无法在城市社会阶层构架中找到属于自己的位置，带来了潜在的社会不稳定因素。三是农村留守人员综合素养普遍不高，文凭大多为初中及以下水平，所掌握的农业生产技术大多为传统农耕时代所传承的方法，使用的生产资料在很多地方依然体现为旧时代的特征，党和国家以纵观国际国内的农村工作视野，推动农业现代化，以改革旧时代的农业生产关系与农民作业方式进而提升农村务农人员的收入水平为目标，提出了要培育新时代背景下具有中国特色社会主义的新型职业农民，而在具体农村工作上如何落实这一宏伟目标，如何在政策目标与现实维度上实现良好的贯穿与融合，是亟待解决的重要命题。在这些矛盾与问题的催生下，党的十九大立足国情、审时度势，提出了乡村振兴战略规划。在"产业兴旺、生态宜居、乡风文明、治理有效、生活富裕"的总体要求指引下，以实现农业和农村现代化为目标，加快推进广大中西部乡村治理能力的现代化改造，最终实现中国特色社会主义乡村的全面振兴，加快发展农村职业教育，将大有可为。首先，发展农村职业教育，面向的是广大农村留守农民，通过开展课堂教学、示范指导及现场指导等方式，能有效提升务农人员的现代农业技能，使其掌握更先进的农业育种、种植、采摘等方式，从而实现农产品数量质量的快速提升。更重要的是通过培训，掌握现代市场营销方法与媒介运作流程，更精确地面向农产品客户，提升市场敏感度，从而调整农业生产方向，实现农业产业的增产增收，夯实"产业兴旺"的基础。其次，大力发展农村职业教育，提升农民文化素养，有助于构建新时期和谐文明乡村文化社区，有助于形成良好的乡村生产生活环境，从而为农村地区二、三产业的繁荣发展提供良好的土壤，吸引城镇企业前来投资建厂，吸引城市科研人员及其他有意向发展乡村的高学历、高水平人员前来乡村工作，实现乡村整体文化水平的提升。最后，有助于提供大量具有中高端职位技能的新型农民务工人员。乡村振兴战略，出发点是新时代的乡村务农务工方式与人才培养，仅仅依赖义务教育显然不能满足对新型职业农民的素质培养要求。农村职业教育既直接承担了广大农民义务教育后续教育的补充提升需求，又精确对接农民务工职位技能需求，从而补充了一大批新的新技能农民，为实施乡村振兴战略提供了教育基础保障。

五、职业教育的重要补充

在刚刚过去的"十三五"时期，我国教育事业在党中央、国务院的决策领导下取得了高质量的发展。社会主义核心价值观已经深入广大人民群众心中,"立德树人"的教育核心任务也得到了有力的贯彻和落实。现代化教育事业持续推进,国民教育整体发展水平已经处于世界中等偏上的位置,职业教育取得了长足进展并且不断完善,职业学校每年为国家输送接近1000万名技术型人才,并开展了上亿人次人才培训课程。早在2016年,全国高中阶段教育毛入学率已经达到87.5%,不可否认的是,中高等职业教育为实现这一目标做出了巨大的贡献。然而现实中面临的一个重要问题就是,当前中高等职业教育依然在很多区域发展不平衡不充分。职业教育相较于义务教育、普通高中教育及普通高等教育,无论是在资金投入上还是在政策重点关注上均处于不同程度的弱势地位。即使在职业教育内部,也存在着不同层次类型职业教育的多级分化,表现为高职教育的发展较为突出,吸引并占据了国家教育资金投入的大头,而其他类型职业教育则受到了不同程度的忽视。尤其是农村中等职业技术教育基本没有存在感。受制于农村地方财政资金,农村职业教育常年资金匮乏,导致校舍陈腐不堪、生均资金投入远远低于普通高中,而师资力量也大量向城市地区学校转移,从而加重了农村职业教育的萧条。尽管党和国家一直尽力将实现高中阶段教育全覆盖作为教育工作的重点目标之一,并且在党的十九大报告中将高中阶段教育由十八大的"基本普及"调整为"普及",但仅仅依靠普通高中难以完成此目标,特别是在广大农村地区,农村职业教育是实现高中阶段教育全覆盖的关键因素。张志增指出,"2016年我国中等职业教育一共招收593.3万人,在校生达1599.1万人,有80%是农村学生,各地县级职教中心招收初中毕业生比例达30%~60%,可见发展农村职业教育具有不可或缺的重要价值"[①]。党的十九大报告再一次将教育优先发展作为重点工

---

① 张志增. 实施乡村振兴战略与改革发展农村职业教育 [J]. 中国职业技术教育, 2017(34): 121-126.

作开展，对职业教育的内涵式发展提出了更高的要求。"十三五"国家教育发展主要目标中明确提出，要继续完善现代职业教育体系，形成更加适合全体国民学习、毕生培养的现代职业教育体系。各级政府要重点对贫困地区发展中职教育提供政策、资金、人才、组织等全方位的支持。提升欠发达地区职业院校办学条件，特别是硬件设施比较差的学校的办学条件和"双师型"师资队伍的人才引进和培育建设水平。① 在2021年全国教育工作会议上，教育部党组书记、部长陈宝生在谈话中强调，在今后新时期的教育工作中，要不断加大推动职业教育建设质量提升的力度。2019年1月，国务院印发《国家职业教育改革实施方案》（以下简称"职教 20 条"），提出要"为服务现代制造业、现代服务业、现代农业发展和职业教育现代化提供制度保障与人才支持""开展本科层次职业教育试点""健全国家职业教育制度框架""完善职业教育体系"。② 2019年3月，教育部、财政部印发《关于实施中国特色高水平高职学校和专业建设计划的意见》。作为落实"职教 20 条"改革目标任务的重大项目措施，"双高计划"从"一个加强、四个打造、五个提升"（加强党的建设，打造技术技能人才培养高地、技术技能创新服务平台、高水平专业群、高水平"双师"队伍，提升校企合作水平、服务发展水平、学校治理水平、信息化水平、国际化水平）十个方面有效推进职业教育高水平建设和高质量发展。③ 2020年9月，教育部等九个部门联合印发《职业教育提质培优行动计划（2020—2023 年）》

---

① 国务院.国务院关于印发国家教育事业发展"十三五"规划的通知［EB/OL］.中国政府网，2017-01-19.

② 国务院.国务院关于印发国家职业教育改革实施方案的通知［EB/OL］.中国政府网，2019-01-24.

③ 教育部，财政部.教育部 财政部关于印发《中国特色高水平高职学校和专业建设计划绩效管理暂行办法》的通知［EB/OL］.中国政府网，2020-12-25.

（以下简称《行动计划》），突出问题导向，对"职教 20 条"目标任务进行全面梳理，突出改革落地，进一步释放"职教 20 条"政策红利。①
2021 年 3 月 12 日，《中华人民共和国国民经济和社会发展第十四个五年规划和 2035 年远景目标纲要》提出"展望 2035 年，我国将基本实现社会主义现代化"，"建成文化强国、教育强国、人才强国、体育强国、健康中国"，明确了"十四五"时期"提升国民素质，促进人的全面发展"的具体指向，部署了"突出职业技术（技工）教育类型特色""优化结构与布局"，"稳步发展职业本科教育""深化职普融通"等系列重点任务，对加快构建中国特色现代职业教育体系提出了新目标、新规划。② 2021 年 10 月，中共中央办公厅、国务院办公厅印发《关于推动现代职业教育高质量发展的意见》，提出"到 2025 年，职业教育类型特色更加鲜明，现代职业教育体系基本建成"，"职业本科教育招生规模不低于高等职业教育招生规模的 10%"，要求"推进不同层次职业教育纵向贯通"，"稳步发展职业本科教育，高标准建设职业本科学校和专业"，同时也要"促进不同类型教育横向融通。加强各学段普通教育与职业教育渗透融通"，进一步深化产教融合、校企合作，加强"双师型"教师队伍建设，推进教育教学改革，创新教学模式与方法，建立健全质量保证体系，提升中外合作办学水平，着力打造中国特色职业教育品牌，对加快构建中国特色现代职业教育体系提出了新要求、新思路。③《中华人民共和国职业教育法》（以下简称《职教法》）于 2022

---

① 教育部，国家发展改革委，工业和信息化部，等. 教育部等九部门关于印发《职业教育提质培优行动计划（2020—2023 年）》的通知［EB/OL］. 中国政府网，2020 -09-16.

② 中华人民共和国国民经济和社会发展第十四个五年规划和 2035 年远景目标纲要［EB/OL］. 中国政府网，2021-03-13.

③ 中共中央办公厅，国务院办公厅. 中共中央办公厅 国务院办公厅印发《关于推动现代职业教育高质量发展的意见》［EB/OL］. 中国政府网，2021-10-12.

年5月1日正式实施。《职教法》核心是优化职业教育的类型定位，纠正职业教育"低等"认知偏见；完善制度体系，搭建职业教育纵横融汇桥梁，打破职教"天花板"学历限制。这一系列的文件都为新时期职业教育的发展提供了坚实的政策保障，同时也预示着新时期职业教育的发展将受到更高层次、更宽范围的重视，中等职业教育的发展面临着大好机遇。

第二章

文献述评

第一节　国外研究情况概述

近年来国外对于"双师型"中职教师"工匠精神"的内涵及培育有着一定的研究。国外尚不存在"双师型"教师这一提法，对"双师型"教师的针对性研究也不多，但他们的职业教师资历与我国所提出的"双师型"教师相像，故而具有一定的参考价值。（1）国外职业教育行业教师定岗资质的确定标准。德国、美国、澳大利亚等国对教师任职资历的规定相对严格。德国《职业教育法》《培训师资质条例》等要求职校教师必须具备相应的资质，方能获取任职资历。个人资质要求不能违反《职业教育法》的规定，专业资质则规定除具备相关的职业技能知识之外，还应掌握工作教育学技能和知识。（2）职业教育行业教师评价研究。英美等老牌发达国家很早就开展了教师评价实践与研究，起始于18世纪初期学校委员会之监督功能，但到19世纪后期才出现"教师评价"这一说法。1920年后奖惩教师评价制度才开始在美英等国创造并发展，教师评价标准也因此获得迅速发展并广泛用于衡量教师评价，根据1925年全美国际教育协会报告，大城市普遍开展教师评价的学校占比超过 75%。1935 年，泰勒首次阐述了以教育目标为纲领的泰勒原理，明确了教育目标对于教育评价的关键作用，确定评价重点是考察教育结果与预期目标的一致性程度，同时将教师全部教学过程归入评价范畴。20 世纪 50 年代到 20 世纪 70 年代，布卢姆、斯克里文等开始对预定目标本身开展评价，并要求一切具有教育价值的结果，都应归入教育评价的范围。[①] 教育评价至少要通过对教育目标的实现程度和教育成果的判断，才能提供规范的参考价值，让评估者做出科学准确的教育决策。进入 20 世纪 80 年代，英国皇家教育督学团提出对教师进行发展性评价，被西方多国广泛采用。1984 年，古巴和林肯共同出版的《第四代教育评价》表明了重视评价过程对个体发展的建构示范作用，提出被评价者亦是评价的参与者和评价的主体因素，本质是通过测量参与评价各方的共同心理架构来实现"共同建构"。该发展性教师评价模式的提出对职业教育教师评价标准的研究与实践产生了重要的影响力，直至今日仍是我国行业内开展评价方式改革的理论基础。[②] 德国职教领域意欲打造高标杆的职业形象，因此教师资历认定标准相对拔高。德国职业教育行业要求有意入职的新进教师必须取得高等院校学历证书的同时至少有 5 年以上工作经历，部分行业还要求必须熟悉教育心理学，而且通过国家相关资质考试取得证书后，方可成就毕生职业教师职位资历。德国职校教师主要细分为理论传授人员、专业常识传授人员以及实训实践教师 3 类。前两类在高等院校完成 4 年以上的大学通识知识教育并获取相关考试资质后，才能胜任。对于一些院校的专业知识与技能传授人

---

① 易兰华. 高职院校"双师型"教师评价研究文献综述 [J]. 教育科学论坛，2023（18）：65-70.

② 蔡晓良，庄穆. 国外教育评价模式演进及启示 [J]. 高教发展与评估，2013，29（2）：37-44，105-106.

员，需要通过严格的相关工程师资历测试并且通过国家考试，还需经过至少 3 年的生产单位实习，才能有资历成为正式的职校教师。日本现在将"双师型"职业教师通称为"职业技能训导师"，大多是指具备专业技能如机械、电子、家电、计算机等和教育专业学士学位的双学位教师。他们大多供职于职高、专业技能学院学校、寒暑期大学或公共职业培训机构，从事职业技能人才的教育教学工作。"职业技能训导师"也被公认是一种资质能力。日本开展这方面教育培训的主要机构为职位技能提升大学（或学院），一般设置了 4 年制中长期课程和 4~6 个月的短期教育课程和实践。4 年制的中长期课程主要以完成高级中学毕业的学员为主，目标是培养具备高级技能、掌握职位技能和培训能力的教师。与之相对的 6 个月短期速成课程则主要为掌握专业技术和实践能力者开设的，这两种类型的学员在毕业时需要通过日本国家二级技能专业考试，上岗前需有两年（或）以上的工作经验或者实践实习经历，或具有其他同等专业技能水平的情况。美国教育整体领域都比较发达，因此无论是普通教育、职业教育抑或是成人教育，相关从业教师任职资历鉴定标准都非常高。比如，从事职业学校教育的教师至少应当是大学本科（或者学院）毕业生或者硕士研究生，同时应当通过各下设教育学院与技能实践环节的专业培训，资质认定后方可从事工作。美国对教师的教育能力考核相当严格，职业院校教师每两年半需要进行一次教师资历能力考核考试，获取任教合格证书后才能继续从事相关教育培训工作。对于那些教学环节不负责任或者是培训质量比较差的，被认定为不适合担任教育培训工作的教师，职业院校要与其解除聘用合同。但是，美国职业院校教师的社会工作地位和工资待遇相当可观，教师的收入中位数水平仅低于医生。除对职业院校专任教师要求严格以外，美国对从企业单位招聘的行业兼任导师也有着非常严格的规定，目前美国招聘的高级职业院校教师至少应当具备硕士以上学历，同时必须为本行业内较为优秀的工程师或者技术学者。另外，美国职业院校教师队伍的职前职后能力提升计划做得相当认真，普遍实施"职教教师准入证书制"[①]。

在这里值得一提的是英联邦国家（尤其是英国）对高职院校教师的模范化培养。从英国合格教师和教师职前培训要求可以看出，当前英国职业院校教师职前培养主要呈现"三位一体"和"三方协同"两大特点。所谓"三位一体"就是将原来实施的职前、职后分离的两段式培育模式转型为"职前培养+入职培训+职后培育"的"三段式融合"的新型培养模式。开展岗前培训，让即将加入职业院校的新进教师快速获取政府颁发的职业院校教师资历；入职培训这个环节就是帮助新入职的老师快速适应职业角色；职后培育提升相关技能并提高职业能力，从而使职业院校教师不断优化自身知识能力结构，增强教学能力，进而成为一名优秀的职业院校教师。"三方协同"也就是通过充分协调整合高校、企业以及职业学校三方资源，融合它们的优点，从而更有效地推动高职院校教师的培养。当前，职业教育行业比较发达的国家如美国、加拿大和日本等，高等职业院校均拥有一套相当严格的教师规范化管理制度，它们的共同点为大量招聘行业兼任导师，并对导师实行任期聘用制。日本高等职业院校行业兼任导师数量是院校内专任教师的 1.7 倍。而在美国，伴随着高等职业教育逐步实现开放式办学方式，其高职院校里的行业兼任教师人数持续增加，与之相应的是院校内的专任教师数量在不断减少。国外更倾向于采用任期合同制的方式来聘用专任教师。例如，日本早在明治维新时期就摸索创建了近代大学管理制度，同时也逐渐形成了以提供职位毕生合同为基本特征的师资建设制度，然而进入

---

① 杨莎莎. 国外"双师型"师资培养模式比较及对我国的启示［J］. 成人教育，2007（6）：95-96.

20 世纪 70 年代，也就是在日本消除了高等教育精英化之后，教师毕生聘用制慢慢产生了"制度疲劳"，中短期合同聘用制作为一种教师人事制度逐渐开始普及，到 20 世纪 90 年代以后，日本通过在国内进行政治改革和高等教育改革，促进了大学教师合同聘用制度的确立，在高职院校广泛实行教师合同聘用任期制。美国高职机构一般不会主动提供长期或毕生合同，给出的合同制主要参照学校当年的整体经济情况、需求、教师队伍的构成情况及教师教学质量，合同采取一年一签的方式，进行总量调节。国外职业院校的"双师型"教师队伍工作激励机制也各有区别。总体来讲，在国外专门从事职业教育的"双师型"（国内叫法，国外并无相关称呼）教师的社会福利标准、薪资待遇和社会地位等普遍都高于普通学校（非高等院校）的教师。在部分国家中，高等职业院校的优秀教师待遇要比大家公认的优质行业还要优渥，这显然是一个非常有吸引力的行业，使得国外职业院校的"双师型"教师队伍组成非常稳定，具备很强的吸引力和凝聚力。德国"双师型"教师一般社会地位与薪资收入水平较高，身份社会认同感也约等于公务员，因为他们的法律地位是通过各州公务员法决定的。日本职业院校教师的薪资待遇福利等并不是一成不变的，而是与个人能力和取得的成绩相匹配的，换句话说就是强者的薪酬待遇要远超同一职位的弱者，并且原则上其工资逐年提升。[①] 谢定生对德国"双元制"模式下的职业教育教师培养模式进行了研究。[②] 德国"双元制"模式职教师资培养模式主要可以分为三种：一是以培育符合要求的"双师型"职业院校教师为培养目标。

[①] 林杏花. 国外高职"双师型"教师队伍建设的经验及启示［J］. 黑龙江高教研究，2011（3）：59-61.

[②] 谢定生，龙筱刚. 德国"双元制"职业教育师资培养模式及其启示［J］. 湖北广播电视大学学报，2010，30（9）：18-20.

虽然德国并没有像国内一样明确提出"双师型"教师这一概念，但是从德国职业院校教师的资历认定标准可以明显看出其核心目标是培养具备双师型素质的职业院校教师。二是职业院校与企业合作的育人方式。德国的职业院校与相关培训企业之间相互合作也互惠互利，它既起因于企业的用人需求不断扩大，也伴随着企业实力的发展壮大。不管是在国外还是国内，企业始终是学校生存的重要依靠、发展的动力和源泉，学校则是企业良性健康发展的人才资源库与技术创新的智囊。三是一体式的培育过程。为了更好地确保职业教育教师培育质量，德国已经形成了一套相对成熟的职业院校教师聘用、考核、评价制度。乌克兰"双师型"职业教育师资培养模式也通常被业界称为"工程师—教师"培养模式，主要由乌克兰的工程师范教育体系完成。乌克兰工程教育系统提出"4+1"模式（也就是 4 年工科院校培训加 1 年心理学或者教育学培训）。"双证"就是学生领取毕业证时需获得学位资质证书和职位技能资质证书。乌克兰"工程师—教师"职教师资培育主要包括入门培育、职教一般人才培训、高等技术性培训和教育硕士 4 个不同级别。高级人才主要在职业技术教育单位、教育与工厂综合基地担任企业教学技能教师、车间工艺技术指导人员和教学实验师；职教学士是能在职业教育系统中担任普通技术型教师、企业教学技能人员、实践指导教师等复合型人才；专门技能人才是在乌克兰职业教育系统中从事专业课与普通技术课教授工作的教师以及在企业内从事专项技能培训的教师；教育硕士则主要是为职业教育领域的科学研究工作和高等院校进修教学工作培养的人才。乌克兰"双师型"职业教师师资培养方式主要是以学校常规教育为核心，学校师资水平和软硬件能力的差异必然导致在师资培养目标上有不同的定位。①

综上所述，目前国外职业院校"双师型"教师队伍建设的经验：一是较为严格的资质认定标准，这就要求中高职院校教师在具有较高学历的同时还要获得较高的技术实践资历；二是广泛而深入的校企合作培养模式和培训体系，更加有效地促进了中高职院校教师持续优化拓宽自身知识结构水平，增强教学能力；三是较为灵活的院系人事管理方式，通过大量聘用行业兼任导师，实行合同聘用制管理；四是采用有效的激励机制，保证中高职教师拥有较高的社会福利水平、薪资待遇和社会地位。

在工匠精神研究领域，萨顿首先对西方文化中的"工匠"一词的来源进行了研究。② Bradby 站在现代社会哲学的角度指出工匠精神有助于工作主体追逐自我价值。③ 贝尔纳·斯蒂格勒认为在现代社会中，相较于技术层面本身，工匠的精神信仰发挥着更重要的作用。④ 亚力克·福奇在总结前人研究的基础上对新时代工匠进行了定义，工匠的内涵也因此被赋予了新的时代意义，工匠精神显示出更强的现代性表征。⑤ 一些学者通过对各发达国家经济取得成功的原因进行了探析，指出系统完善的职业教育所培育出的"工匠精神"对近代经济的快速发展起到了

---

① 马彦，周明星. 日本、乌克兰"双师型"教师培养模式及借鉴 [J]. 职业技术教育，2004，25（34）：68-69.

② 乔治·萨顿. 希腊黄金时代的古代科学 [M]. 鲁旭东，译. 郑州：大象出版社，2010.

③ BRADBY D, HOACHLANDER E G. 1994 Revision of the Secondary School Taxonomy [Z]. Washington D. C：U. S. Department of Education, National Center for Education Statistics, 1994.

④ 贝尔纳·斯蒂格勒. 技术与时间：艾比米修斯的过失 [M]. 裴程，译. 南京：译林出版社，1999：12.

⑤ 亚力克·福奇. 工匠精神——缔造伟大传奇的重要力量 [M]. 陈劲，译. 杭州：浙江人民出版社，2014：7.

极为重要的推动作用。雅克勃莱尔等的研究阐述了瑞士全球竞争力排名获得四连冠的原因，正如日内瓦职业教育办公室主任格里高利·埃维阔兹所说的，主要是追求完美与卓越的工匠精神之所在。① 郑英培分析了韩国政府如何协调企业和学校来创建高质量的校企合作，并在此基础上对其特点进行了重点分析，得出了一些相关启示。② 李剑对俄、中、德、美、日五国中职教育师资队伍建设进行了阐述，其中起决定作用的是"全面发展"理论，此外，结合两种不同的文化理念——舒尔茨的"人力价值资本"理论进行宏观比较，使五国中职教育人才培养模式比较出各具特色的文化特质。③ 吴忠魁对德、澳、英、美等四国中等职业教育的课程设置经验进行了研究，指出应当重点强调核心能力的培养并且课程设置要与职业资历框架紧密联系。④

第二节　国内研究情况概述

我们以研究主题、研究对象和研究时间为搜索依据，以"工匠精神""工匠""培育"为检索关键词，对在 CNKI "中国知网"检索到的相关文献进行归纳总结，目前看来我国学者对工匠精神培育的研究过程基本可以划分为四个阶段。

---

① 雅克·勃莱尔. 欧洲书简 [M]. 郭定安，译. 北京：生活·读书·新知三联书店，2004.

② YUN C I. Education Finance in Korea [J]. Higher Education, 2002：165.

③ 李剑. 五国中等职业教育人才培养模式的文化比较 [J]. 比较教育研究，2001（6）：19-23.

④ 吴忠魁，陈朋. 四国中等职业教育的课程设置经验及其对我国的启示 [J]. 比较教育研究，2012（6）：43-46.

（一）初期阶段（1995—2010）

在初期阶段，国内部分文献较少出现"工匠精神"方面的研究介绍，其内容研究主要集中在艺术品水平评价与手工业设计水平鉴赏等范畴。如王迩淞在《工匠精神》里提及，国际著名奢侈品法国香奈儿品牌"御用"鞋匠体现出的工匠精神；① 张刃则是针对"工匠精神"在国内的传承与保护问题本身进行研究；② 蒋梅的《论先秦工匠艺人的艺术精神》也属于同类。③ 在这一阶段，与我国"工匠精神"培育（内涵以及路径）有关的研究还处于一种较为"稀疏"的状态，零星出现的文献研究只是就"工匠精神"进行了浅显的尝试性研究，研究成果不够深入且主题过于分散，对我国"工匠精神"内涵探究和培育实践的影响程度也极为孱弱。

（二）发展阶段（2011—2013）

在这一阶段，对国内"工匠精神"培育的相关研究和探索虽然数量仍较少，但明显具有经济因素驱使的"动机"。体现在全球金融危机之后，国内外大多数企业开始认真对待产品制造过程中"工匠精神"的缺失问题。比如，在 2011 年，曾伟在研究中强调"工匠精神的来源在某种程度上一是被经济形势倒逼，二是被科学方法倒逼"。坚持"工匠精神"已经是时代的必然要求，同时也可使企业加速技术迭代升级，实现由内向外快速稳定高质量健康发展。④ 此外，石大宇就工匠精神主

---

① 王迩淞. 工匠精神 [J]. 中华手工，2007（4）：133.
② 张刃. 退休"大工匠"的技能与精神应传承下去 [N]. 工人日报，2007-09-19（3）.
③ 蒋梅. 论先秦工匠艺人的艺术精神 [J]. 商丘职业技术学院学报，2007（1）：92-93.
④ 曾伟，姜焕叶. 浅谈高职院校校企合作中的问题及措施 [J]. 湖北经济学院学报（人文社会科学版），2011，8（7）：74-75.

题进行了论述并提出企业内加大"工匠精神"培训力度和宽度能更有效地促使自身产品质量和生产效率这两大内生性机制实现改良。① 在此阶段，全球主要经济体如美、德、英、法、中、日等国因受到金融危机之重创而备感经济发展"疲软乏力"，我国传统制造业发展水平也逐渐走进了"死胡同"。

（三）主题深入阶段（2014—2015）

在这一阶段，"工匠精神"内涵、问题以及培育路径等方面的研究如雨后春笋迅速增加，不管是研究的数量还是主题的广度都较之前呈现大幅增加的态势。2014 年，随着我国手机通信行业异常迅猛的发展，市场环境也倒逼手机制造商加速提升产品品质，国内智能手机制造商之间的商业竞争特别激烈。在这种情况下，部分智能行业人员对"工匠精神"更是趋之若鹜，比较典型的有张蕊的《感性凶猛的"工匠精神"》②、钱超的《"屌丝" CEO 罗永浩的个人品牌：工匠精神》③，这些研究折射出相关行业从业人员已经把践行"工匠精神"当成行业发展的救命稻草，也使得相关厂家更加重视用户使用体验、追求产品制造细节，无论如何，"工匠精神"这一概念的内涵在这种背景下得到了迅速扩散。此时，推动中国制造向中国智造转型升级、充分挖掘经济增长新潜力，已经成为推动社会发展的强烈需求。2014 年 6 月 23 日，李克强总理在接见参加全国职业教育工作会议的代表时谈道："要用大批的技术人才作为支撑，让享誉全球的'中国制造'升级为'优质制造'。"这与"工匠精神"所倡导的价值寓意，与"精品制造"所需要的追求不谋而合。到这个时候，主题以"工匠精神"为主的研究文献迅速增

---

① 石大宇. 设计的中国思维［J］. 室内设计与装修，2018（5）：132-135.
② 张蕊. 感性凶猛的"工匠精神"［J］. 华东科技，2013（5）：46-49.
③ 钱超. "屌丝" CEO 罗永浩的个人品牌：工匠精神［J］. 国际公关，2013（5）：59.

加，其中很大比例以开展"工匠精神"的培育工作来助力国内制造业产业升级为主题，比如，陈昌辉的《工匠精神——中国制造在呼唤，职业教育应担当》①、王丽杰的《工匠精神与价值型企业》② 等。在这一时期，"工匠精神"的覆盖范围也不断外延，从最初的产品设计、工业制造、通信、装备制造业等领域蔓延到教育领域，如邓成的《当代职业教育如何塑造"工匠精神"》③。2015 年 5 月，中央电视台播放重磅主题作品《大国工匠》，更是使"工匠精神"这一主题成为全国热议的话题。这一阶段文献研究的多元化也证明了各行各业已经对"工匠精神"深刻感知并积极讨论，在当前比较浮躁的社会背景氛围下认真反思脚下"路在何方"，进而提出以开展"工匠精神"培育工作来谋生存、谋发展。此时，也逐渐有学者从推进社会水平提升的高视角来剖析"工匠精神"的培育工作。

（四）繁荣阶段（2016 年至今）

2016 年，国务院总理李克强在两会所作的政府工作报告中明确指出：要大力"培育精益求精的工匠精神，增品种、提品质、创品牌"，这是首次将培育"工匠精神"这一重要概念写入政府工作报告，"工匠精神"直接成为年度最受关注"热词"，直到现在仍受到学术界和企业界的聚焦。可以看出，"工匠精神"这一现象在学术界从被"门可罗雀"到"初出茅庐"再到"尽人皆知"，绝非偶然现象，其研究历程的不断深入是在市场经济转型和人文情怀提升的双重加持下必然出现的现

---

① 陈昌辉，刘蜀．工匠精神——中国制造在呼唤，职业教育应担当［J］．职业，2015（20）：14-15.

② 王丽杰．工匠精神与价值型企业［J］．印刷经理人，2015（4）：3.

③ 邓成．当代职业教育如何塑造"工匠精神"［J］．当代职业教育，2014（10）：91-93.

象，最终成为国家意志。与此同时，学者们也逐渐开始深刻领会把握"工匠精神"培育工作的意蕴、追溯发展的背景及变化的渊源、厘清开展培育过程中可能存在的问题等，均对"工匠精神"培育工作的开展起到巨大的推动作用。承接主题深入阶段对"工匠精神"培育研究领域所不断拓展的范畴，本阶段研究人员开始不断关注继政府工作报告提出之后，如何推动制造产业转型升级、社会人文和谐发展以及"工匠精神"培育工作的具体实践目标问题。一些研究从理论基石、培育原则、方法思路与培育策略等维度对我国开展"工匠精神"培育进行了全方位探索，比如，梁卿的《"工匠精神"应在哪里孕育?》[1]、王文涛的《议"工匠精神"培育与高职教育改革》[2] 等。"工匠精神"的培育工作在此时备受欢迎，各行各业争先恐后地推崇工匠精神。不过在其中最受欢迎的仍然是经济领域。[3] 从前人研究的已有文献来看，对中职"双师型"教师工匠精神培育的研究主要体现在四个层面：

第一层面，虽然各学者在工匠精神的本质上基本观点相似，但是具体到定义与表述依然略有差异。比如，熊峰将工匠精神归纳为从业人员的职业价值所具备的取向和行为表现，是集创造、品德和服务精神为一体的特征表现形式，这与工匠个人所形成的人生观、价值观和世界观紧密相通。工匠在生产过程中对自己的产品不断精雕细琢，对自己的技能要求不断提高、精益求精，并且会不自觉地享受制造产品的过程中品格不断升华的过程。工匠们的核心追求是打造本领域最好的产品和其他工匠无法企及的优秀精品，这是人类对于工作生产简单而执着的追求。工

① 梁卿. 工匠精神应在哪里孕育? [J]. 职业教育研究，2017 (5): 1.

② 王文涛. 刍议"工匠精神"培育与高职教育改革 [J]. 高等工程教育研究，2017 (1): 188-192.

③ 曹靖. 我国"工匠精神"培育研究的回顾、反思与展望 [J]. 职业技术教育，2017, 38 (34): 20-26.

匠精神应当是行动、结果和价值层面的有机协调统一，而在工匠对技术的不断追求与实践中，则进一步体现了人类持续追求完美的伟大精神与行动层面的专心致志。① 庄西真从多个角度对工匠精神的内涵进行了剖析：一是工匠精神体现于地域变奏方面，东方与西方对于工匠精神的研究基于不同的地域视角，故而在工匠精神的内涵上必然呈现出一定的差异，不过也具有不少相似之处，因为对于工匠精神这一主题的内核中外都是相通的。想要找到东西方工匠精神的异同，必须把工匠精神与所处的特定社会人文经济环境进行匹配。二是工匠精神体现于时空改良方面，从传统与现代的不同时间维度出发，工匠精神在不同的时代相应具备不同的内涵。三是工匠精神体现于领域变更方面，这主要是表现在领域的单一性与多元性。不论古今，工匠所从事的都是"工"，也就是生产制造活动，故而制造业领域是工匠精神的主要表现范围。有鉴于此，需要从制造领域的视角出发，对工匠精神内涵进行解读。需要注意的是，随着时代的发展和经济水平的进步，工匠精神所涉足的领域早已超出单一的制造业领域范围，我们还应从更多元的视角归纳总结工匠精神的内涵。四是工匠精神体现于层次变迁方面，此时工匠精神可以大略细分为两个层次，一种是道德层面的工匠精神，另一种是制度层面的工匠精神。五是工匠精神体现于人才变现方面，从目前校企协同合作育人的视角来看，这是最有效也是唯一能真正实现工匠精神融入社会发展中的人才培育的途径。②

作为一名真正的工匠，遵守行业规范和专业标准与大胆创新、拒绝

---

① 熊峰，周琳．"工匠精神"的内涵和实践意义［J］．中国高等教育，2019（10）：61 -62．

② 庄西真．多维视角下的工匠精神：内涵剖析与解读［J］．中国高教研究，2017 （5）：92-97．

因循守旧并不产生冲突。一名合格的工匠要敢于大胆突破传统不足，进行创新探索，而具有工匠精神的工匠则会将追求极致与完美作为毕生信条，毫不犹豫地敢于对自身不足进行及时否定和改革，从而有可能以更巧妙绝伦的技能来实现对所制造作品的终极向往，即使是在枯燥而单一的反复操作中也能够不断发掘包裹着创新创造的闪光灯。很明显，我们追求的工匠精神与向往的创新精神之间并不是矛盾的关系，它们之间相辅相成、互为支撑。从大量的社会实践案例也可以看出，敢于创新、敢于创造是具备工匠精神的顶级工匠必备的专业技能素质和精神特质。[①]

黄君录认为，首先吃苦耐劳、擅长思考应该成为职业风尚，是工匠精神传承的必要品质。这是中华民族传承至今的优秀品德，也是"工匠精神"培育的核心要素。其次便是尊师重道。尊敬恩师，敬仰教育行业，都应该由心生出尊敬。最后是以刻苦钻研、精益求精的精神实现对至高精神境界的向往。工匠精神的当代内涵：一是要时刻保持一丝不苟的职业态度。工匠们通过自己锐利的视角、一丝不苟的做事态度体现自己的职业素养，不断散发着对所属行业的狂热爱好，还要了解本行业国内外最新的前沿动态，以实现"三百六十行，行行出状元"为目标，戒骄戒躁、砥砺奋进。二是精益求精的品质把控。工匠们在最开始制造产品就树立了一种"要做就做一件完美的艺术品"的信念，这就促使他们对产品不断打磨，反复完善，不断改进，不断追求更好更美更优秀。三是一丝不苟的敬业态度。工匠必须始终保持对产品品质的完美把控与不懈追求，将更多的时间投入细微之处，哪怕花费较多的精力也在所不惜。工作态度一丝不苟，细节精确翔实，用实际行动"于无声处听惊雷，于细微处见真章"，只有如此才能确保工作制造的作品、制造

---

① 张旭刚. 高职"双创人才"培养与"工匠精神"培育的关联耦合探究［J］. 职业技术教育，2017，38（13）：28-33.

的零件都能达到符合乃至超越行业规范要求。四是敢于挑战自身的勇气。作为一名工匠，制造一件物品只是体现了他具备制造的技艺和能力，而不墨守成规、不因循守旧，敢于打破行业内不合时宜的陈旧规矩，用于创新创造，才是一个优秀工匠应当具备的勇气。五是善于合作的团队精神。① 张旭刚认为想要准确把握当前社会环境下工匠精神的时代内涵，必须从其外在特质和内在表征两个维度来认知和把握。工匠精神的外在特质对于普罗大众，就是只对工匠精神的基本概念有所了解，而更深层次的理解只有工匠本身才能体会到并且在制造完美作品的过程中将这种内涵彰显或者散发出来。工匠精神的内在表征其实是工匠本身灵魂深处对自我价值的认知程度的判断，工匠精神的内涵已经通过日常制造作品不断潜移默化内化为工匠本身的一种思想特质，至于一丝不苟的做事风格，精益求精的做事态度和追求完美的做事目标都不过是这种内在特征的外在表达。②

于洪波认为，首先精雕细琢的创造精神是工匠精神的基本含义。具有工匠精神的工匠们在制造产品的过程中，始终坚持严格的审美与技术标准，他们可以为自己经手的产品赋予其独特的表现张力，这主要归功于工匠们在生产过程中对产品进行的二次制造，而若想练就这种本领，则要求在日复一日年复一年的精雕细琢中逐渐领悟到匠心所蕴含的内在意义。其次是追求完美的职业理想。追求完美是工匠精神的理想，一名合格的工匠愿意付出所有的心血代价制造出最完美的产品。需要注意的是，工匠们制造出完美产品并不是行外人士所以为的是幸运女神的眷

---

① 黄君录. 高职院校加强"工匠精神"培育的思考［J］. 教育探索，2016（8）：50-54.

② 张旭刚. 高职院校培育工匠精神的价值、困囿与掘进［J］. 教育与职业，2017（21）：65-72.

顾，而是工匠本身在不断磨炼过程中已经逐渐找到了接近最完美事物的路径，同时也学会了如何避免其中的弯弯绕绕，最终制造出接近完美的产品。最后是言行一致的实践精神。工匠们在跟着师傅学习基本的技能技巧时，心中必然充满着对未知事物的向往和追求，每一个有理想的工匠都会鞭策自己做到青出于蓝而胜于蓝，要做到超过师傅的手艺然后实现对制造完美产品的诺言，这种"言"是鞭策督导他们日常行为的内在准则，进而一步一步引导工匠实现自己的工作追求。①

李进的观点概括起来主要有四个层面：一是尊，对教育行业的尊重。对职业规范的遵守，不忘记尊师重道是工匠精神的起源，也能牢记尊师的内核乃是尊重技艺、遵守规范。要尊重事物发展运行的规律，只有遵循真理的约束才能做一名称职的匠人。对师傅、对行业起码的尊重一直是工匠领域的优良传统，也是工匠精神能保留至今的重要原因。二是干一行爱一行。热爱自己的行业和工作职位，这是成功的内生动力。只有这样，才能发自肺腑愿意为之付出精力和心血，才会不由自主地激发创作的灵魂。三是追求完美。追求完美是每一名工匠内心深处制造产品时必备的一把标尺。当工匠们已经掌握了基本的制造作品的理论知识和操作技巧之后，那他所追求的就不单单是把产品做出来那么简单，而是如何通过自己的不断努力让产品具备独一无二的完美表现。四是求实创新。求实意味着作为一名工匠，在制造产品的过程中必须严格遵循行业内的标准和规则，保证产品的质量绝不出现问题，而创新不单单是在产品的设计风格上推陈出新，也包含了敢于对不合时宜的沉积行业潜规

---

① 于洪波，马立权. 高职院校培育塑造学生工匠精神的路径探析 [J]. 兰州教育学院学报，2016，32（8）：110-112.

则进行改革破立，当然这一切都基于产品的质量有保障。①

李宏伟认为工匠精神无非五种精神特质。一是对待恩师的敬重谦逊。无论是手工业作坊里的"子承父业"还是手工业行会里的"师徒传授"，工匠的技能才艺的传承大多是通过"口传心授"的方式进行。一方面，学徒依靠自身的才能、感悟以及刻苦努力来学习掌握技术、学习本领，这已经成为学成技艺的最关键的因素；另一方面，学徒对师傅的态度也成为学成完美技艺的重要因素，学徒为了学到最好最真实的技艺，显然需要做到尊重师傅、尊重同门师兄弟姐妹，只有在这种和谐互助的学习环境下才能实现工匠精神的真正传承和与时俱进的创新。二是一丝不苟的创造精神。对一名优秀的工匠而言，制造器物的过程显然不能简单类比于标准工艺下的大规模机器制造，工匠们的手工制造意味着对其制造目的的再次拔高。工匠们生产制造器物主要是凭借技术能力，按照近乎严苛的技术规范标准和近乎完美的审美标准，不计工作成本地追求每件产品最好最卓越，通过精益求精的制造手法赋予每一件产品独特的生命力。三是大部分工匠在实现维持生计这一目标的过程中能够拥有立德树人的职业操守。四是追求卓越的职业追求。工匠们固然都掌握制造产品的技术和工艺，但是一个工匠产品的优劣要从多方面综合衡量，比如，工匠们在制造过程中的领悟能力、合作能力、产品的创新程度等。五是知行合一的实践态度。工匠们使用技术、制造作品和传授技能的过程是"意会言传"的过程，是从隐性能力努力转化为显性能力的实践探索。可以说，"知"与"行"的有机结合程度是衡量工匠技艺

---

① 李进. 工匠精神的当代价值及培育路径研究［J］. 中国职业技术教育，2016（27）：27-30.

造诣水平的最关键指标，只有做到知行合一，才能更好地体现出工匠的技艺。①

孟源北将工匠精神的基本内涵归结为几个维度来分析。一是思想上，"工匠精神"一般表示爱岗敬业与甘于奉献、俯首甘为孺子牛的精神，从业人员要对所从事的工作始终保持严谨、负责、敬业的态度和精神理念。二是行为上，"工匠精神"通过勇创新、敢创意、善创造来表现，并且能够持续保持专心致志、注意优化调整处理好细节。三是目标层面，"工匠精神"指的是精益求精、追求卓越完美的精神，是想方设法要把品质做到极致的追求。②

匡瑛指出，在当前新的社会背景下，工匠精神已然被赋予了新的使命，这包括专注苦守的职业态度、精益求精的品质追求、勇于创新的技艺操守、协同合作的团队协作，兼具历史性的传承与时代性的创新。③

刘建军认为，工匠精神当体现热爱，不只是对待职位、热爱职业的精神体现。如果工匠对自身所属的职位都不热爱，那就失去了灵魂，精益求精和追求完美更是无从谈起。再者，工匠精神也该呈现出专心致志、满心投入的状态。工匠们在不断锤炼锻造自己的产品的同时，必须保持注意力和创造力的高度聚焦，如奥地利雕塑家罗丹在创作雕塑时一丝不苟、浑然忘我。工匠们不仅需要将自己的能力和生命投射于产品的制造之中，而且在他们眼中产品本身也是有生命力的。工匠的加工和创作就是要先掌握作品的脾气和性格，要尊重且顺应它们的特质，只有这

① 李宏伟，别应龙. 工匠精神的历史传承与当代培育 [J]. 自然辩证法研究，2015，31（8）：54-59.
② 孟源北，陈小娟. 工匠精神的内涵与协同培育机制构建 [J]. 职教论坛，2016（27）：16-20.
③ 匡瑛，井文. 工匠精神的现代性阐释及其培育路径 [J]. 中国职业技术教育，2019（17）：5-9.

样才能成就最好的作品。最重要的是，工匠精神更应该具备围绕重点反复斟酌、不断超越的精神力量。工匠们在创造自己作品时是追求完美的，这里面有一种精益求精的精神追求因素。要注重各种细节，并且在细节的处理上不能怕费时间和精力，这是工匠精神所呈现出的另一个关键特点。①

肖群忠则将工匠精神的内涵总结为几方面。一是"追逐技艺的精妙"的创造精神。工匠们对于超出自己水平的精妙技巧有着超乎寻常的迷恋和追求，这也是促使工匠提升自身能力的内在动力。二是"求精"的工作态度。追求技艺的精湛无论中外都是一名优秀的工匠必备的职业素养。三是"技术与心境融为一体"的人生境界。单纯对某个产品或某项技术的追求往往并不是优秀的工匠们的真正向往。他们真正追求的或许是通过创作不断提升自我，进而实现人生意义的真谛。②

张铮表示工匠精神是对工作的赞美、对本职工作的热爱精神，是精益求精、追求完美卓越的精神，是刻苦钻研技术、传承优秀技艺并不断创新的精神。③ 王慧慧则强调了工匠精神应当包含敢于超越的创造精神、至善至美的工作态度和求真务实的专业道德。④ 王丽媛认为它表现为追求完美、崇尚完美、一丝不苟、细致入微、专注负责等丰富的价值内涵，具有专业性、职业性和人文性三大特征。⑤ 庄群华指出工匠精神的外在表现是严谨认真、追求完美以及巧夺天工品质的复合体，而内在

① 刘建军. 工匠精神及其当代价值 [J]. 思想教育研究，2016（10）：36-40，85.
② 肖群忠，刘永春. 工匠精神及其当代价值 [J]. 湖南社会科学，2015（6）：6-10.
③ 张铮. 当代工匠精神与职业教育研究 [J]. 哈尔滨职业技术学院学报，2016（6）：1-3.
④ 王慧慧，于莎. 工匠精神：我国技能型人才培育的行动纲要 [J]. 河北大学成人教育学院学报，2016（3）：53-57.
⑤ 王丽媛. 高职教育中培养学生工匠精神的必要性与可行性研究 [J]. 职教论坛，2014（22）：66-69.

特质则为爱岗奉献、酷爱本行和服务社会的有机耦合。①

第二层面，近年来众多学者一致认为将工匠精神注入职业教育的工作中具有很强的现实意义，也有紧迫的需求性。不同的学者在研究中对践行工匠精神，特别是在职业教育中践行工匠精神的意义进行了不同的阐述。

如贾秀娟用"六双培育"来概括产教融合视域方面职业院校所谓的工匠精神培育路径。一是通过政府的顶层制度设计加上政策倾斜，实现产教融合，各方共同培育工匠精神。对工匠精神的培育需要政府既要敢作敢为，又要亲力亲为。也就是说政府只需要把好政策关，实现企业和学校最大化的合作空间。二是根据工匠精神，思考如何开展培育，从而使产教双方即企业和学校共同制定出满意的人才培养教学策划案。要从学生的管理体制上注重学校知识技能教育和企业职业操守职位教育，要注重养成良好的学习习惯和对职业保持必要的敬畏之心。三是要注重榜样的激励和示范作用。将关注点放在榜样上，利用榜样的力量激励学生。四是注重教师的来源与组成。五是注重实践训练。职业院校里的校内实训基地是对学生开展实践教学的重要场所之一，通过院校与企业共同开发实训项目的形式，将学生所学的专业技能与企业生产实践相融合。六是职业院校的特色校园文化和企业里的优秀企业文化都是培养学生工匠精神的优良载体。②

刘洪银的观点分为以下五点：一是修改职业教育领域的相关法律法规，要将工匠精神核心素养和工匠精神内涵培育纳入当前的职业教育和

---

① 庄群华. 培育工匠精神：高职院校的应为与可为 [J]. 南京航空航天大学学报（社会科学版），2016（3）：91-95.

② 贾秀娟. 产教融合视域下职业院校工匠精神培育的路径选择 [J]. 职业技术教育，2018，39（14）：77-80.

工作教育范畴。修正目前的职业教育培养目的，把培养目的从单纯获取产品制造能力技术转化为基于工匠精神核心素养的多技能综合性人才培育，最终培养能够实现自主成长的多功能型复合人才。二是完善现代学徒制，要把人格品德教育和工匠精神培育纳入培养内容。三是组建由技艺高超的大师领衔的团队，强化企业对学徒工匠精神内容的训练。在校企联合培养的现代学徒制中，经常被忽视的企业以后应当发挥更多的工匠精神培育的主体角色作用。四是改革职业教育培养目标，强化学生关键要素的学习能力。除了要不断加强做事品质和心理能力培育，还应当强化学生关键要素能力培养，特别是自然学科。五是扩大工匠精神培育的宣传推广范围和力度，培育立德树人背景下自强不息、坚韧不拔的社会主义接班人。不定期开展工匠精神宣讲进校园等活动，营造自强不息的具有工匠精神特色的职业院校新文化。①

邓成认为，一是要确保普通高中与中高职实现教育衔接与分类，实现分类选拔制度。对于志在学习某项专业技能的人，社会不应该限制他选择教育方式的权利和意愿。如果进行中职教育已经能够满足他们将来工作上的技能需求，那就没有必要要求他先读高中，再读高职。对违背学生意愿的强行教育，教育效果必然比较糟糕。这种初中毕业便实行分流的教育体制，很大程度上有利于引导一大部分初中毕业学生进入中职学校学习，而非一定要去高职院校接受教育。二是作为产业部门主管职业教育，必须有意识地真正实现"企业学校相结合"。而想要真正实现"企校结合"，国家必须给企业等产业部门办学的权利和激励政策，要促使其成为职业教育办学的主体和倡导者，同时可以使企业提高主动性来接收学生参加实训。与此同时，企业等产业部门可以按照各自所属行

---

① 刘洪银．从学徒到工匠的蜕变：核心素养与工匠精神的养成［J］．中国职业技术教育，2017（30）：17-21．

业的特点完善课程设置、编写修订教材、提供教师开展教学的相关设备、指派行业教师指导学生进行技能实践、实施企业内的教学和技能评估等；而教育主管部门只需要负责提供相应的文化课程的教授和基础课程的教学，同时协助产业部门进行高效的学生教学管理。①

李营以广州铁路职业技术学院的实践为例，指出以下几点：一是确立"立德树人"的宏观教育理念，首先要摆明工匠精神教育培育的本质。培育工匠精神自然要基于中高职教育"立德树人"的根本需求。二是搭建校企合作育人平台，拓宽工匠精神培养渠道。开展学生工匠精神的培育工作显然不是职业院校独自就能完成的，需要国家协调企业、社会的全方位参与。职业院校可以通过各种方式的校企合作，为培育工匠精神创造良好的平台和环境，而在培养目标和培养方案修订上，一般以院校设计为主，结合企业的需求来完成制定。通过校企之间的协商，能够有效融入工匠精神所蕴含的基本能力和素质要求。三是深化职业院校学生素质教育改革与实习实践，拓宽工匠精神培养手段。职业能力的体现，需要以过硬的职业素养为保障，所以在工匠精神的培养内容中，必须将培养学生的职业素养纳入培养方案中，与专业技能培养、知识导入一起，把职业院校的课堂教学、企业单位的实习实训等同样作为培养多种素质人才的主阵地来抓。四是以匠人精神打造优秀校园文化，促进匠人人文精神前端培育。工匠精神中所蕴含的多种文化元素，具有复杂、多元、隐性等特点，故而在开展工匠精神文化培育上，必须全方位多角度考虑。②

---

① 邓成. 当代职业教育如何塑造"工匠精神"[J]. 当代职业教育，2014（10）：91-93.

② 李营，雷忠良. 高职教育培养工匠精神的思考与探索[J]. 中国职业技术教育，2018（18）：85-87.

刘晴认为，一是要在知识层面上优化中高职院校人才培养方案，构建合理的课程体系。通过修订现行人才培养方案、优化专业课程体系、强化教学模式创新设计与运用等方式共同推进人才培养模式的改革创新，加深学生对工匠精神的理解与认可。此外，应将工匠精神所蕴含的追求卓越的职业素养和敬业态度贯穿于专业技术性人才培养全过程。二是在思想维度上强化教师队伍建设，不断强化工匠精神的思想观念。不断增加对"双师型"教师的政策支持和资金资助，进一步增强工作职位认同感、责任感和使命感。另外，对不同教师开展个性化的教学、改革与培训，同时开展职业院校教师的分类培训、专项培训和技能实训并进行经验交流，提升教师社会服务的能力。三是在行为层面上打造多层次教育实践平台，营造良好自由的校园文化氛围。首先校企要协同打造多层次高水平复合型实践平台，其次对当前职业院校校园文化进行工匠精神化改造，最后创新教育教学管理体制与评价机制。①

黄君录指出，一要实现价值转向，弘扬培育"工匠精神"的核心理念。首先要彻底改革传统价值观，实现工匠精神的时代化渲染，重新明确和理解"工匠精神"的内涵外延。其次政府要出台相关政策进行指引，将"工匠精神"的培育贯穿于职业院校治学的每一个环节，在潜移默化中使"工匠精神"深入学生脑海中。二是要把常规课堂课程教学打造为培育"工匠精神"的主要阵地，让学生感受企业文化，从而更深刻地理解课程培育人才的真正目的。三是通过实践领悟"工匠精神"。职业院校要进一步加大推进"工匠精神"的培育力度，高度重视学生实践体验环节的重要性。四是营造一个和谐舒适的"工匠精神"

---

① 刘晴．高职培育"工匠精神"的现实困境与理性思考［J］．高等职业教育探索，2017，16（1）：5-10．

培育环境。①

孔宝根认为，一是要重新审视新时代背景下"工匠精神"的作用和地位。职业院校应引导学生在重新重视"工匠精神"的作用和地位的同时，还要在进一步强化工匠精神相关专业建设和普及工匠精神、传播工艺知识与开展技能培训等方面狠下功夫。学生能多大程度多大深度地理解和应用"工匠精神"直接影响了我国经济社会的发展程度。二是要确保传授完整的产业链相关知识与技能。"工匠精神"更多的是学生在工作的过程中养成的，基于此，要将工匠精神贯穿于知识技能传授的各个环节。学生需要在课堂学习与实习实践中真正熟悉和掌握一件完美的产品是怎样从无到有、从粗到精的，"纸上得来终觉浅，绝知此事要躬行"，只有感性触碰到、领悟到了才能将工匠精神这一概念所蕴含的气质内化于心。三是要招聘名师示范与熏陶"工匠精神"。邀请行业大师和技术达人参与培育"工匠精神"是非常有效的方法。名师绝大多数具备良好的职业素养，在指导学生的过程中自然而然地就起到了示范作用和熏陶作用，让学生感受到创造的快乐与职业名师一丝不苟的敬业精神。四是要培育学生淡泊名利与追求创造快乐的精神。工匠大师们通过执着地追求高超的技艺，制造出精美绝伦的作品或产品，是一种高品质的快乐和高层次的享受。五是要注重培育"工匠精神"的三个特质：专职、专心、专长。专职是"工匠精神"培育内容的基本条件，要使从事此项职业的人拥有高度的责任心，产生崇高的使命感。"专心"是"工匠精神"培育的核心环节，也就是要求学生在创造作品的时候全身心投入不要混入杂念。"专长"是指在从事某一职业达到较高

---

① 黄君录. 高职院校加强"工匠精神"培育的思考［J］. 教育探索，2016（8）：50-54.

水平时，可作为职业能力中的特长而有别于他人。①

张旭刚在对高职院校培育工匠精神的研究中总结出：一是要树立"工匠精神"这一核心概念在行业内的价值具体表现形态。二是思想政治教育领域是培育工匠精神的核心阵地。三是专业课程教学是传输工匠精神内容的重要途径。四是实践实训环节的教育是培育职业院校师生工匠精神强有力的抓手。五是大力拓展、精心打造工匠精神化的校园文化。②

于洪波提出，一是将工匠精神的培育贯穿于职业院校师生职业创业指导课程环节以及思想政治教育理论课程。一般来讲，职业院校尤其是高职院校通常都设立职业创业指导中心并提供相关课程以及思想政治教育理论课程，这些课程是培育学生工匠精神的重要渠道。职业院校应当根据学生的自身特质结合教学目标对职业、创业指导课程内容以及思想政治教育理论课程进行适度调整，从而合理地将工匠精神融入教学过程中。二是培养学生在职业院校专业课程教育教学实践中的匠人精神。职业院校学生在校有很大一部分的时间是在进行专业课的学习，所以专业课程教学是培养工匠精神的重要通道。三是通过专业技能实习实训来培育学生的工匠精神。四是利用校企合作形式培育学生的工匠精神。③

赵晨提出，一是要弘扬工匠精神，聚焦其核心内涵的理解和培育。职业院校开展工匠精神的培育重点应是引导师生培育精益求精的态度、笃定执着的品格、责任担当的使命、关心个人成长和珍视个人声誉，而

---

① 孔宝根．高职院校培育"工匠精神"的实践途径［J］．宁波大学学报（教育科学版），2016，38（3）：53-56.

② 张旭刚．高职院校培育工匠精神的价值、困囿与掘进［J］．教育与职业，2017（21）：65-72.

③ 于洪波，马立权．高职院校培育塑造学生工匠精神的路径探析［J］．兰州教育学院学报，2016，32（8）：110-112.

不应当宽泛地培育工作中的各项品格，缺乏聚焦能力。二是要强化突出工匠精神培育的价值指引和引领作用。工匠精神的本质是一种个人工作人生观和价值观，是人们在完成基本工作要求后所产生的对高品质的追求和对完美的向往，这些对高品质的追求和对完美的向往回答了在工作场所什么对个体来说最为重要的困惑。三是引导和组织创建人力资源管理机制和与培育工匠精神相适应的评价体系。组织上的人力资源管理机制也要相应地与弘扬工匠精神这一大方向相适应，从而逐步构建一套具有工匠精神价值导向的人力资源管理操作实践体系，使工匠精神的培育有效地渗透到人力资源管理的每一个环节。四是充分发挥工匠精神和企业家精神的协同培育效应。工匠精神的培育也需要企业管理者的呼应，避免职业院校单一开展工匠精神培育带来的一些潜在负面效应。[1]

叶美兰针对在应用型本科高校如何培养具有工匠精神的人才这一问题时指出，一是要树立立德树人的人才培养总任务，将其与工匠精神有机结合起来。二是人才培养体系应当为"全链条"式，加强校企合作协同育人，培养具有工匠精神的专门人才。三是要形成特色人才培养战略，实现差异化发展。四是在人才考核方式上要以质量为优先，力求科学规范。尽量全方位多角度考查学生，注重学习能力、注重专业实践、注重品行德行。五是人才培养队伍要注重德艺双馨、言传身教。[2]

李宏伟认为工匠精神的当代培育应当做到：一是打破传统职业体制，革新职业概念，提高新时代的工匠职业地位。二是要树立技能过硬的能工巧匠、技术能手的榜样。三是保护工匠和技能技师的合法权益不

---

[1]　赵晨，付悦，高中华 . 高质量发展背景下工匠精神的内涵、测量及培育路径研究[J]. 中国软科学，2020（7）：169-177.

[2]　叶美兰，陈桂香 . 工匠精神的当代价值意蕴及其实现路径的选择[J]. 高教探索，2016（10）：27-31.

受侵犯，运用现代手段实现工匠技艺传承。四是可以通过现代技术以各种高科技将工匠们制造的精美产品予以呈现。五是传统方式与现代技术相结合，通过灵活方便的导师筛选机制和人才引用方法培养新时代的工匠技师。①

匡瑛研究也指出，一是要借力现代学徒制，凸显工匠精神。发源于西方工匠文化的现代学徒制在现代职业教育中仍发挥重要作用。二是依靠专业课程及教学大纲，培育职业院校师生的工匠精神。学校方面应当增设工匠精神专门教育课程，系统全面地向职业院校师生传播工匠精神的有关知识，与此同时国家层面应进一步编制"工匠精神"类培育课程大纲。三是植入专业课程教育，渗透工匠精神。专业技能与课程教育是职业院校学生接受工匠精神培育的主战场。四是融入文化建设，熏陶工匠精神。校园文化虽然是一种隐性的教育资源但在熏陶在校生精神文化方面起到了不可替代的作用，应将工匠精神培育融入校园文化建设。郑玉清、何伟在研究中也持有相似的观点。②

刘东海在关于工匠精神教师专业化发展的研究中指出，工匠精神视角下职业院校教师专业化发展的路径一是要重新构建信仰与价值系统，激发相关教师开展专业化培育的动机和动力。而教师的职业信仰和职业价值观的确立与追求是教师专业化发展的重要源泉。二是创新性地加强校园文化和制度建设，提升教师行业的尊严和地位。要完善教师制度，结合发展需求，促进教师的职业和社会地位的提升。三是完善相关教育法律法规和标准体系，规范职业院校教师专业伦理和职业道德。要结合

---

① 李宏伟，别应龙.工匠精神的历史传承与当代培育［J］.自然辩证法研究，2015，31（8）：54-59.

② 匡瑛，井文.工匠精神的现代性阐释及其培育路径［J］.中国职业技术教育，2019（17）：5-9.

时代特征和职业院校教师特征重新修订完善教师法，为职业教育教师的专业伦理和职业道德提供法律依据。然后就是要结合产业技术发展的需求和职业教育教师自身的特质特征，研究制定新时代背景下的职业教育教师的标准体系。四是要创新构建培养培训新模式，重新塑造教师专业能力和素养。①

刘志国认为职业院校工匠精神的培育内容至少应当从理念、心理和行为三方面着手。理念层主要是培养工作者对于当前工匠精神内涵的价值认知；心理层主要指培育工作者对工匠精神的心理认同程度，以及对工匠精神的感性认知；行为层主要指了解并加深工作者对于工匠精神的行为实践能力。三者中，理念层是工匠精神培育的前提和保障，心理层是工匠精神培育的关键，行为层是工匠精神培育的根本和目的。构建新时代背景下大国工匠精神培育的机制，要在产教融合的视域下培育工匠精神，这不仅有助于明确培育主体、把握培育内容，还有利于构建合理的培育机制，增强各方的培育动力。②

李梦卿认为，一是要创新工匠精神培育的着力点，在新时代背景下强化课程培育模式与"互联网+"新业态相适应。二是找准关键点，实现职业院校课程专业设置与市场需求紧密对接。三是找到突破口，强化校企之间的产教融合与"工匠精神"培育的有机耦合。③

刘文韬在对高职院校的研究中认为工匠精神是企业发展、民族工业振兴的重要保证，是顺应国家政策和制造业发展的必然要求，也是高职

---

① 刘东海，吴全全，闫智勇，等．工匠精神视域下职业教育教师专业化发展的困境和路径［J］．中国职业技术教育，2019（6）：86-91．

② 刘志国，刘志峰，张向阳．基于产教融合视角的工匠精神培育研究［J］．中国高等教育，2018（17）：60-62．

③ 李梦卿，任寰．技能型人才"工匠精神"培养：诉求、价值与路径［J］．教育发展研究，2016，36（11）：66-71．

教育改革发展的必然趋势。① 王筱婧等从国家、社会、企业、个人四个层面阐述了践行工匠精神的必要性。② 张斯元指出工匠精神是社会转型进步的需要和信息化时代的呼唤。③ 杨萌从四方面全面总结了在职业教育中践行工匠精神的意义。④ 她指出，在职业教育中培育工匠精神既有利于职业院校改革与发展，又有利于职业教育在奉行素质教育的同时提升职教学生的社会竞争力和职业道德水平。简莹建议将"工匠精神"养成计划与课程教学紧密结合，通过集中实训、校企合作等途径培养"工匠精神"。⑤ 庄群华和杨萌指出可优化教学内容与课程体系，将工匠精神培育融入通识教育和专业教育的各个环节，同时积极引培高素质技能型教师，加快建设"双师型"师资队伍。

第三层面针对中职教师工匠精神的研究，虽然近两年才开始引起关注，但是热度非常高，并且在可以预见的几年内仍将持续下去。杨家琳论述了瑞士职业技术教育对我国中等职业教育的启示。⑥ 潘愉乐提出培养中职学生工匠精神的主要途径应当从新生专业思想教育的引入、德育课程教学的融入、专业教育的渗透、校园文化活动的熏陶及实践教育的塑造等方面着手。⑦ 黎帝兴从教师的师德修养、教师的专业提升和教师

---

① 刘文韬.论高职学生"工匠精神"的培养［J］.成都航空职业技术学院学报，2016，32（3）：14-17.
② 王筱婧.立足职业教育 培养大国工匠［J］.宁夏教育，2017（4）：17-19.
③ 张斯元.职业教育过程中工匠精神培养的研究［J］.现代职业教育，2016（11）：30-31.
④ 杨萌.职业教育培育工匠精神的研究现状与反思［J］.教育科学论坛，2017（12）：25-29.
⑤ 简莹.论职业教育中如何培养"工匠精神"［J］.科教导刊，2017（5）：3-4.
⑥ 杨家琳，冷慧."工匠精神"——瑞士职业教育对我国中等职业教育的启示［J］.校园英语，2017（20）：40-41.
⑦ 潘愉乐.工匠精神与中职学生职业意识的培养［J］.广东职业技术教育与研究，2017（1）：20-22.

响应职教改革三方面表明中职学校教师成长需要弘扬工匠精神，并提出培养中职教师的工匠精神应当形成尊重工匠的社会氛围，创建教师与企业、行业交流的平台，并创建多元化的教师考核机制。① 陈丽英则提出中等职业学校培育工匠精神首先要营造崇尚技能、追求卓越的校园文化氛围；其次要找准培育工匠精神在本校育人目标中的位置和切入点，将其纳入课程体系中；② 最后要推进校企协同育人，为培育工匠精神搭建实践平台。③ 李书标从形成科学的职业发展概念、转变传统的评价方法、培养学生的完美意识、做好教师队伍的建设工作以及完善实训基础、实现理论与实践上的结合等五方面阐述了如何培育中职学生的工匠精神。④ 郭卫红则表示工匠精神的主要途径要在专业课程教学、专业实习实训、校企合作以及专题专项活动中培养。⑤ 陈磊指出中职院校培育工匠精神受到社会、企业、学校、家庭和学生等因素的共同作用，从企业生存发展、中职院校自身发展以及中职学生自身发展的角度剖析了开展工匠精神培育工作的重要性，表示应当从德育、专业教育和实践教育三个维度培育工匠精神。⑥ 从已有的文献来看，目前的相关研究过分关注学生的工匠精神培育而忽视对教师的关注。

第四层面对于当前中职"双师型"队伍普遍存在的问题，主要归

---

① 黎帝兴.弘扬"工匠精神"，引领中职教师专业成长 [J].现代职业教育，2016（33）：10-11.

② 陈丽英.中等职业学校培育"工匠精神"的途径初探 [J].宁夏教育，2016（11）：48-49.

③ 张捷树.中职学校培育工匠精神的问题与对策 [J].当代职业教育，2017（1）：31-35.

④ 李书标.中职学校推进工匠精神的做法与经验 [J].教育现代化，2017（19）：209-210.

⑤ 郭卫红.中职学校学生工匠精神的培养 [J].中外企业家，2016（35）：186.

⑥ 陈磊，谢长法.瑞士现代职业教育体系的透视及启示 [J].职教论坛，2016（34）：87-91.

结于"双师型"教师的概念如何准确界定，以及在新形势下如何更好地开展"双师型"教师队伍建设，很多学者从不同角度予以阐述。如叶建辉认为，"双师型"教师队伍的建设中存在价值观的偏差，普遍片面追求数量与证书，而忽略了质量建设。① 王雪梅指出中职院校在培育"双师型"教师时存在校企联系不紧密的弊病。② 黄智科对"双师型"教师的认定现状进行了思考与质疑，并提出了一套"双师型"教师的认定策略。③ 钟捷等通过研究认为当前"双师型"教师实践能力与素质有待提升。④ 班祥东指出，目前"双师型"教师队伍职称结构不合理，教师中、高级职称比例偏低。同时专业分布也不合理，以机械、会计等专业为主。⑤ 雷林子认为应当完善"双师型"教师的培养长效机制。⑥ 闫朝辉提出应当严格"双师型"教师认定标准，扩大中职学校"双师型"教师规模。⑦ 丁莉认为中职学校领导应加强队伍建设。⑧ 吕大章指出自主学习是教师专业成长的主要途径。⑨ 莫坚义认为要大力引进高学

---

① 叶建辉. 地方中职学校"双师型"教师队伍建设的思考 [J]. 中等职业教育（理论），2011（10）：18-19.

② 王雪梅. 对中职"双师型"教师队伍建设的思考 [J]. 河南教育，2015（11）：51-52.

③ 黄智科，黄彦辉. 对中职"双师型"教师认定及培养的思考 [J]. 河南教育，2015（10）：10-12.

④ 钟捷，柴小玲. 关于中职学校"双师型"教师队伍建设的思考 [J]. 职业，2017（8）：52-53.

⑤ 班祥东，谌湘芬. 国家示范校中职"双师型"教师培养途径的研究——以广西玉林农业学校为例 [J]. 职教论坛，2013（5）：20-22.

⑥ 雷林子. 职校的"双师型"教师队伍建设分析 [J]. 现代职业教育，2017（6）：122.

⑦ 闫朝辉. 新常态下中职学校"双师型"教师队伍建设策略研究 [J]. 职业，2017（15）：60-62.

⑧ 丁莉. 试论中职院校双师型教师队伍建设管理 [J]. 亚太教育，2016（9）：217.

⑨ 吕大章. 试论中职学校"双师型"教师的专业成长 [J]. 职业教育研究，2016（11）：50-53.

历、高职称、高技能人才，尤其注重有两年以上的职业院校任教经历或三年以上企业单位工作经历的人才。① 梁成艾提出以文化为导向、以理论为牵引、以双赢为目的、以发展为导向，切实推进中职学校"双师型"教师的专业化发展。②

第三节　国内外研究述评

纵观国内外相关学者的研究，笔者发现国外对工匠精神的研究，似乎更集中于对工匠精神内涵与理念的论述，对工匠精神在中职教育中，尤其是在中职教师领域的培育研究较少。另外，国外的工匠精神在国内的应用也存在思想理念差异造成的水土不服的现象。而国内的研究一方面研究对象扩大化、泛化，往往站在整个职业教育的高度来研究工匠精神的培养；另一方面，已有的对于中职教育的工匠精神培养往往针对学生而展开，对于教师这一群体的关注少之又少，特别是对于中职"双师型"教师这一重要群体，国内外鲜有人涉足。

一是研究内容具有广度却缺乏深度。就相关研究的论文数量而言，研究成果虽然较多，但是这些论文的发表布局却严重失调，发表在国家重要核心期刊及重要职教核心期刊上的论文极少，并且尚未出现相关的博士论文；就相关研究的内容来说，理论研究是零散的，还没有形成一个完整的理论结构。通过深度分析大部分质量相对较高的期刊和论文，

---

① 莫坚义. 中职"双师型"教师队伍建设的实践探索［J］. 广西教育学院学报, 2013（5）：191-194.

② 梁成艾. 中职学校"双师型"教师专业化发展之路径研究［J］. 职业教育研究, 2014（8）：58-61.

笔者发现已有的研究成果大部分均涉及"双师型"教师培养和职业教育教师专业化的现状、问题、策略、管理、培训等方面的内容，但对其所做的建构性的探讨研究内容较少，诠释性的研究内容偏多，以实用主义哲学为指导的策略性研究内容偏多，理论性研究成果较少。

二是研究思路活跃但范式欠丰。完善的管理机制、灵活的培训方式、基本健全的法律法规等是国外发达国家职业教育师资队伍建设取得的成功经验，考虑到我国职业教育因起步较晚而引起的师资力量建设相对薄弱之实际情况，学习国外先进的教师队伍建设经验，已经成为一种历史的必然。然而在借鉴国外研究思路的过程中，我国研究者大多采用了"四步式"的研究模式。首先使用文献法或问卷调查法，分析"双师型"教师培养过程中或职业教育教师专业化发展过程中所存在的问题；其次分析国外在"双师型"教师培养或职业教育教师专业化发展等方面取得的成功经验；再次提出我国"双师型"教师培养或职业教育教师专业化发展的政策建议，或直接根据政策文件提出问题所在，并根据职业教育相关统计资料，借鉴、移植；最后从宏观层面提出战略性思路。虽然这种研究模式具有科学性的一面，但这种"四步式"研究模式不但会使研究者在研究思路上受到限制，而且会使大多数研究成果趋同，导致研究质量大打折扣，研究成果大多缺乏有效性和可行性。我们可以模仿和借鉴国外促进"双师型"教师的培养和职业教育教师专业化发展的先进经验，但是不能仅靠简单移植，要去伪存真、去粗取精地进行本土化消化。此外，在选择研究方法时，有必要采取不同的方法，从不同的角度和层次，审视教师"双师"培训的性质和规律。

三是研究主体凸显但沟通欠畅。中职"双师型"教师工匠精神的研究主体主要由三部分组成：一是来自职业学校的研究人员，他们具有实践经验，但是缺乏理论素养，由此导致他们的研究结果往往具有

"经验式"的特点。二是传统大学或大学研究机构的研究员。他们具有精确的专业研究视角和研究技巧，但由于缺乏相关研究实践经验，其研究结果具有抽象性、主观性等特点，可操作性不足，往往难以在实践中应用。三是来自政府主管部门的研究人员，他们具备丰富的教师管理经验及政策走向直觉，但是缺乏专业的研究视野及研究能力，故其研究成果往往具有"公文式"的特点。①

此外，前人对于中职教师的工匠精神的培养机制往往流于形式，解决策略大同小异，多有重复，对于如何培养"工匠精神"，培养成什么样的"工匠精神"以及应当达到什么指标基本无人予以回答。因此，本课题的开展即是为了尝试解决上述不足。

---

① 梁成艾. 职业学校"双师型"教师专业化发展论［M］. 成都：西南交通大学出版社，2014.

第三章

核心概念的界定

第一节　"双师型"教师

一、"双师型"教师概念的提出

1991年，王义澄首次在学术界提出"双师型"教师概念，我国政府非常重视其内涵式发展和资历认定工作，之后陆续颁布一系列政策和文件。① 1995年，国家教委首次将"双师型"教师的概念纳入政策中，提出关于开展示范性职业大学建设工作的原则意见，主要包括四方面：申请开展示范性职业大学（院校）建设试点的国家基本条件、申报试点院校的基本程序、如何开展试点院校示范性建设的检查验收程序和开展示范性职业大学（或院校）建设的核心目标要求。② 在第一条"申请示范性职业大学试点建设的基本条件"中，通知第四点明确指出："有一支专兼结合结构合理、素质较高的师资队伍。"专业课指导教师均具备一定的专业实践能力，其中"双师型"教师占1/3以上。这就

① 王义澄．建设"双师型"专科教师队伍［N］．中国教育报，1990-12-05（3）．
② 习近平．依法治藏、富民兴藏、长期建藏，加快西藏全面建成小康社会步伐［EB/OL］．新华网，2015-08-25．

提出了"双师型"教师队伍建设的具体要求。同时，在第四条"示范性职业大学建设的目标要求"中，通知第七点也进行了阐述："师资队伍结构合理，水平较高。""专业课教师和实习指导教师基本达到'双师型'要求。"《通知》的发布正式象征着"双师型"教师这一重要概念在我国教育政策中被提出，也证明了职业教育领域"双师型"教师相关队伍建设研究水平已上升到政策化的新高度，国内职业教育领域开启了对该领域的深入研究和改革的序幕。之后，国家教委表示："使文化课教师了解专业知识，使专业课教师掌握专业技能，提高广大教师特别是中青年教师的实践能力。"注重培养"双师型"教师。① 同年教育部在《关于贯彻落实党的十五届三中全会精神促进教育为农业和农村工作服务的意见》中提出要通过多种形式的培训和加强考核评价等措施，确实抓好"双师型"教师队伍建设，重点提高专业教师操作和动手能力，同时注重招聘专业技术人员和有实践经验的能工巧匠担任兼任教师。1999 年，国务院提出必须加快建设"双师型"教师队伍，既要有教师资历，又要有其他专业技术职务。② 2000 年 1 月教育部下发文件指出，大力开展职业院校"双师型"教师队伍建设是提高职业院校教育教学质量的核心和关键因素，此外，"双师型"教师的内涵包括教师、工程师、会计等。③"双师型"教师与"双师"素质教师的概念于2000 年 3 月 23 日教育部下发的《关于开展高职高专教育师资队伍专题调研工作的通知》（教发〔2000〕3 号）中首次对"双师型"教师与

---

① 国家教育委员会. 面向二十一世纪深化职业教育教学改革的原则意见［EB/OL］. 中华人民共和国教育部政府门户网站，1998-02-16.

② 《中共中央国务院关于深化教育改革全面推进素质教育的决定》（教发〔2000〕3 号）［Z］. 教育部，1999.

③ 教育部. 教育部关于加强高职高专教育人才培养工作的意见［EB/OL］. 中华人民共和国教育部政府门户网站，2000-01-17.

"双师"素质教师的内涵做出了解释:"工科类具有'双师'素质的专职教师应符合以下两个条件之一。

(1)具有两年以上工程实践经历,能指导本专业的各种实践性环节。

(2)主持(或主要参与)两项工程项目研究、开发工作,或主持(或主要参与)两项实验室改善项目,有两篇校级以上刊物发表的科技论文。"①

2002年5月15日,教育部办公厅在《关于加强高职(高专)院校师资队伍建设的意见》中,进一步强调了开展"双师型"教师队伍建设的必要性、重要性和紧迫性,明确指出:"各高职(高专)院校一方面要通过支持教师参与产学研结合、专业实践能力培训等措施,提高现有教师队伍的'双师'素质;另一方面要重视从企事业单位引进既有工作实践经验、又有较扎实理论基础的高级技术人员和管理人员充实教师队伍。"② 教育部办公厅关于全面开展高职高专院校人才培养工作水平评估的通知(教高厅〔2004〕16号)指出:双师素质教师是指具有讲师(或以上)教师职称,又具备下列条件之一的专任教师。

(1)有本专业实际工作的中级(或以上)技术职称(含行业特许的资格证书及其有专业资格或专业技能考评员资格者);

(2)近五年中有两年以上(可累计计算)在企业第一线本专业实际工作经历,或参加教育部组织的教师专业技能培训获得合格证书,能全面指导学生专业实践实训活动;

---

① 《关于开展高职高专教育师资队伍专题调研工作的通知》(教发〔2000〕3号)〔Z〕.教育部,2000.

② 《关于加强高职高专院校师资队伍建设的意见》(教高厅〔2002〕5号)〔Z〕.教育部,2002.

（3）近五年主持（或主要参与）两项应用技术研究，成果已被企业使用，效益良好；

（4）近五年主持（或主要参与）两项校内实践教学设施建设或提升技术水平的设计安装工作，使用效果好，在省内同类院校中居先进水平。

政府部门在开展"双师型"教师大规模建设之前，对"双师型"教师进行相关政策的指导性解释和解读，这对于"双师型"教师队伍的培养建设起到了非常重要的动员和指引作用。教育部有关部门领导对职业教育"双师型"教师培养工作的重视和有关批示，是促进职业院校"双师型"教师队伍建设的强大动力。事实上，早在1991年1月18日，原国家教委主任李铁映同志就在"全国职业技术教育工作会议"开幕式上作的《大力发展职业技术教育，促进我国经济建设和社会发展》报告中明确指出："在师资队伍建设上，应积极吸收那些各方面的能工巧匠作为技艺教师，而不应把一般的学历作为前提。"① 在2000年7月24日召开的全国骨干示范性中等职业学校建设研讨会上，时任教育部副部长的王湛在谈话时强调："要抓好职业学校师资队伍建设，加强教学与实践的衔接，切实加强'双师型'教师的培养。"② 2003年教育部职成教司司长黄尧指出："学校可按照教师职务任职资历，招聘社会上专业技术人员、能工巧匠来校担任专兼任教师，增加'双师型'比例。"③ 2004年6月19日，教育部部长周济同志指出："提高职业教

① 易玉屏，夏金星. 职业教育"双师型"教师内涵研究综述 [J]. 职业教育研究，2005（10）：16-17.

② 余燕. 王湛副部长"施政第一讲"：把职业教育做大最强 [J]. 职业技术教育（旬刊），2000（24）：20-23.

③ 黄尧. 大力加强职教师资队伍建设努力造就一支高素质的职教师资队伍 [J]. 中等医学教育，2000（12）：9-13.

育质量的关键在于切实加强技能培养和实践训练"，要"加快建设一支'双师型'的职业学校教师队伍"。他特别强调，要着力深入职业院校人事制度改革，"职业院校人事制度的改革，关键在于用人导向，要采取一系列的激励和约束机制，努力建设一支能够适应职业院校定位、强化技能性和实践性教学要求的教师队伍"①。2004 年 8 月 13 日，在乌鲁木齐举行的"全国重点建设职教师资基地第四次协作会"上，王继平发表了《认真学习贯彻全国职业教育工作会议精神　进一步加大职业教育师资队伍建设工作的力度——在全国重点建设职教师资基地第四次协作会上的讲话》："对专业实践性较强的教师，可根据有关规定，评聘第二个专业技术职务或任职资格。积极推进'双师型'教师队伍建设。"②

二、"双师型"教师概念的内涵

总体上看，目前学术界已经出现的对于"双师型"教师这一概念的内涵所做的解读不外乎以下几种。第一，"双职称"说。这一类型学说的提出始于"双师型"概念诞生的初期，具体来说就是"讲师+工程师"。值得注意的是，这一解读在后来的政府文件中也有体现。如教育部 2000 年 1 月 17 日发布的《教育部关于加强高职高专教育人才培养工作的意见》中这样阐述："双师型"（既是教师，又是工程师、会计师等）教师队伍建设是提高高职高专教育教学质量的关键。可以说"双职称"说是比较原始的解读方式，而沿用至今的"双师型"教师这一

---

① 教育部长周济在全国职业教育工作会议上的讲话［EB/OL］．中华人民共和国教育部政府门户网站，2004-08-09.
② 王继平．认真学习贯彻全国职业教育工作会议精神　进一步加大职业教育师资队伍建设工作的力度——在全国重点建设职教师资基地第四次协作会上的讲话［J］．中国职业技术教育，2004（26）：18-22.

名称也发源于此，不过这更像是在我国职业教育尚未制定施行成熟完善的教师资历制度下的一种前期定义。站在现在的视角来看，这种提法不管是基于我国当前的职称评审制度，还是个人的学历和能力考虑，能同时具备满足要求的两个职称的教师在现实中是很少的。究其原因主要还是"双师型"教师这一概念绝不能仅仅理解为两个单独职称（或资历）的简单叠加，而应该是代表了在两种不同行业领域和工作环境条件下所造就的两种不同特质的人才。该提法在现实中难度过大而缺乏可行性。虽然说如果允许职业院校可以将多个职称评定系列共存，有助于成为推进这类双师型师资队伍建设的关键途径，但结合我国行政人事管理制度的实际情况会发现这是非常困难的，在现实中也不具备可行性。第二，"双重能力"之说。"双师型"教师要同时具备两个方面的能力：一方面要保证理论知识扎实深厚，业务技能知识扎实深厚，并且要熟悉我国高等教育的发展规律和面向学生的教育教学方法，在课堂上授课时要能言简意赅、形象贴切地为学生讲授专业知识和技能理论；另一方面他们还应该有大量的工程实践经历，这意味着要具有很强的动手实践操作能力，同时善于把理论联系实际，可以做到在实践教学课程中或实验教学中完美展示出熟练精确的操作技能，以此来成为学生学习掌握专业实践技能的示范和表率。这时也有结合"双职称""双能力"的说法。该提法其实是机械地尝试把国外能力本位职业教育理论推广应用于我国的职业教育领域，要求从业者从实际的角度同时拥有教学能力、社会实践能力，同时拥有理论教学能力和实验教育能力的教师被称之为"双师型"教师。不过由于能力这个概念是一种潜在或者说是内在的东西，难以在实际工作中进行具体化，故而"双能力"说也不适合作为对教师进行评聘考核的标准。第三，"双证"说。这一提法是在 1993 年以来我国在各行业逐步奉行职业资历证书认证制度的大背景下产生的。它首先是由具备培育职业教师资历的普通高等院校或者高等职业院校提出来的，最初的定义是，毕业于这些院校的学生，要在从事该职业之前同时拿到毕业证和职业资历证。① 随后，1995 年颁布了《教师资格条例》，2000年9月23日颁布了《教师资格条例》实施办法，"双证"的内涵进一步演变为"教师职业资格证书"。"双师型"教师客观上将内涵由"双职称""双能力"向"双资历证"过渡。这使得"双师型"教师的培育和考核具备了较强的可操作性，是一种较为显著的进步，不过当前我国职业资历证书考核制度尚不规范，即使获取证书也未必具备相应的实践操作能力，导致即使有"双证"的教师，也不一定能够更好地胜任职业教育专业教学，特别是实战化的实训技能教学工作。第四，"双证+双能"说。该学说的提出者显然是想通过中庸的结合方式，避开"双证书"说和"双能力"说各自的弊病，通过互为补充的方式把两种学说联系起来，如有的学者认为"双证书"是"双师型"教师的形式或外延，"双能力"则是"双师型"教师的内容或内涵，二者相互扶持，缺一不可。这种观点在理论上是成立的，但不可避免地给具体的实践操作带来了较大难度，因而也就不具备可行性。第五，"双师素质"之说。1999 年6月，中共中央、国务院作出《关于深化教育改革全面推进素质教育的决定》。计划在教育领域大力推进素质教育建设，在这样的背景下，各种有关教育教师素质的提高事宜很快被提上议事日程中来，由此，"双师型"的内涵又因时制宜地演变出了"双师素质"的学说。其实"双师素质"概念的提出，也从侧面反映了"双师型"教师在现实中确实难以明确定义和描述，因此会随着国家政策的风向变化而不断演变。2000年3月23日教育部下发的《关于开展高职高专教育师

---

① 教育部长陈至立在教育部年度工作会议上的讲话［Z］.教育部，1999.

资队伍专题调研工作的通知》（教发〔2000〕3号）中首次对"双师型"教师与"双师"素质教师的内涵做出了解释："工科类具有'双师'素质的专职教师应符合以下两个条件之一：（1）具有两年以上工程实践经历，能指导本专业的各种实践性环节。（2）主持（或主要参与）两项工程项目研究、开发工作，或主持（或主要参与）两项实验室改善项目，有两篇校级以上刊物发表的科技论文。"① 同样，由于素质和能力是一种由知识内化而凝结的具象化的稳定的心理素质，在概念上难以具体界定，因此，可操作性不强。总体上来说，上述几种对"双师型"教师内涵的解读是比较浮于字面意义上的浅层次理解，只是把"双师型"教师这一概念机械僵硬地停留在字面意义上。这也反映了我国当时职业院校教育学界研究的机械性和封闭性，局限于学校视野形态下的职业教育师资理念。我国中高职教育的办学模式近年来也逐步由单一的办学形式向工校企合作、产教融合的办学模式转型。人们也越来越清晰地认识到这种单一化的"双师型"教师建设理念存在很大的局限性，因此需要进一步研究和拓展职业教育"双师型"教师的时代内涵。第六，"一证一职"说。国内各行业纷纷实行职业资历证书认证制度，尤其是教师资历证书制度在教育界的大力推广，再加上经济界特别是企业单位对实践动手操作能力强的高技能型人才需求的日渐增大和职业教育规模的持续扩容，行业兼任导师也成为职业院校教师人才队伍建设不可或缺的一部分，人们开始认识到行业兼任导师能较好地弥补院校教师在实践教学能力培育方面的不足，由此拓宽了对"双师型"内涵的理解宽度，这一理念把既具备教师职称，又具有资历证书的教师称为"双师型"教师，该提法在很大程度上欲把行业导师纳入"双师型"

---

① 关于开展高职高专教育师资队伍专题调研工作的通知［Z］. 教育部，2000.

教师队伍的范畴。"双师型"师资队伍是指由一部分具备丰富教学经验和专业知识的校内教师（本校师资）和一部分来自职业领域、具备实践经验的校外企业导师组成的教师队伍。这种定义弥补了传统的教师队伍建设理念中将"双师型"师资建设和行业兼任导师队伍建设相互分割的弊病，符合当前我国职业教育师资队伍建设的需求。第七，"双元"说。在这种定义下，师资队伍的构成呈现出"双元"的特点。第一个元素是指拥有"双师型"教师内涵的个体化教师，他们具备扎实的专业知识、教学经验和教育理论素养。他们既是学校的骨干教师，又具备一定的行业经验和实践能力，能够将理论与实践相结合，在教学过程中提供有效的指导和支持。第二个元素是指从校外企业招聘的行业兼任导师，他们来自职业领域，具备丰富的实际工作经验和行业知识。这些导师不仅可以为学生提供实际案例和真实情境，使教学内容更加贴近职业需求，同时也可以将最新的行业动态和前沿技术引入教学中，使学生始终保持与职业发展的紧密联系。这种二元结构的"双师型"师资队伍不仅是职业教育与职业世界之间有效融通的必然结果，也是职业教育自身发展要求的体现。它不仅是充分利用社会资源推动我国职业教育发展的有效措施，也是未来师资队伍发展的必然趋势，还是职业教育师资队伍建设走向社会化、加强产教结合的必然。①

　　1991 年王义澄先生首次在我国教育学界提出"双师型"这一概念，他提出了对"双师型"教师素质的要求，即"参与学生实习过程、选派教师到工厂实习、参与重大教学科研工作、多承担技术项目"，能够同时满足这四方面要求，就表明其达到了"双师型"教师的水平。系统定义"双师型"教师的概念对于我国职业教育目前大力开展的"双

---

　　① 曹晔. 我国职业教育"双师型"师资的内涵及发展趋势［J］. 教育发展研究，2007（19）：22-26.

师型"教师队伍建设具有重大的意义,有助于理解和把握"双师型"教师这一概念,从而对制定"双师型"教师队伍建设标准及相关政策产生深刻影响。20世纪90年代以来,"双师型"教师的概念就成为我国教育领域特别是职业教育行业内的关键热词。1995年,原国家教育委员会提出了一项倡议,旨在构建一支专业化、结构合理、素质卓越的师资队伍。他们期望专业课教师和实习指导教师具备一定程度的专业实践能力,其中至少有三分之一的人员应成为"双师型"教师,即具备教学和行业实践经验的双重能力。这一倡议的目的是确保师资队伍在结构上保持合理,并具备较高的水平。同时,专业课教师和实习指导教师的基本素质应达到"双师型"要求,以满足教育的需求。这样是为了确保教育工作者不仅具备深厚的理论知识,而且能够将理论与实践相结合,为学生提供更为全面、实用的教学指导。这种"双师型"教师的能力和素质将有助于提高教育质量,培养更多具备实际操作能力和创新思维的人才。然而,实现这一目标并非易事。在实践中,建设"双师型"教师队伍需要投入更多的资源,包括培训、实践机会和教育部门的合作。此外,还需要对教师职业发展进行持续的关注和支持,以确保他们能够不断提升自己的专业能力和实践经验。尽管面临诸多挑战,但这一倡议对于推动我国教育职业的发展和提升教育质量具有深远的意义。培养更多具备"双师型"素质的教师,可以为学生提供更优质的教育环境,为他们的未来发展奠定坚实的基础。① 1997年召开的全国职业教育教师队伍建设工作座谈会,强调了在职业教育领域建设"双师型"教师队伍的重要性。这一要求成为当前和未来师资工作的重点。紧接着1998年,原国家教育委员会进一步明确了相关政策。他们强调

---

① 国家教委关于开展建设示范性职业大学工作的通知[Z].国家教育委员会,1995.

要重视培养教学骨干、专业带头人和"双师型"教师，将教师职务的评聘和对教师奖励与他们参加教学改革的实绩联系起来，以调动教师参与教育教学改革的积极性。①在 1999 年 6 月，国务院发布文件，其中重点提出了两个策略：一是吸收企业优秀工程技术和管理人员到职业学校任教，二是加快建设兼有教师资历和其他专业技术职务的"双师型"教师队伍。这些策略成为进入 21 世纪以来职业教育人才培养、职业院校教学核心评价和提高教育教学质量的重点工作。教育部在 2000 年进一步强调了培养"双师型"教师的重要性，并提出了具体要求。其中包括努力提高中青年教师的技术应用能力和实践能力，使他们既具备扎实的基础理论知识和较高的教学水平，又具有较强的专业实践能力和丰富的实践工作经验。此外，教育部还鼓励教师参与工程设计和社会实践活动，培养他们获得相应职业证书或技术等级证书，以培养新型教师具备"双师资格"②，根据教育部规定，为了确保职业院校的教育教学工作质量，学校专任教师中具备"双师素质"的教师比例应大于或等于50%。对于高职院校，要求拥有 20% 以上的"双师素质"教师才能评为合格。③ 2004 年 4 月，教育部对优秀职业院校的 A 级标准进行了进一步调整："将专业基础课和专业课中双师素质教师比例提高到 70% 以上。"④ 教育部在 2006 年对高等职业教育的定位进行了更明确和清晰的阐述，其目的在于培养更多面向生产、建设、服务和管理第一线需要的

① 国家教育委员会. 面向二十一世纪深化职业教育教学改革的原则意见［EB/OL］. 中华人民共和国教育部政府门户网站，1998−02−16.

② 教育部关于加强高职高专教育人才培养工作的意见［Z］. 教育部，2000.

③ 关于印发《高职高专教育教学工作优秀学校评价体系（征求意见稿）》和《高职高专教育教学工作合格学校评价体系（征求意见稿）》的通知（教高〔2000〕49号）［Z］. 教育部，2000.

④ 高职高专院校人才培养工作水平评估方案（试行）（教高〔2004〕16号）［Z］. 教育部，2004.

高技能人才，以满足我国社会主义现代化建设的需要。这种定位的重要性在于，它提醒高等职业教育的机构和教师，在教学和培训过程中，要更加注重实践和应用能力的培养，以满足社会和市场的需求。同时，这也为学生们提供了更多的职业机会和发展空间，使高等职业教育在我国的现代化建设中具有不可替代的作用。与此同时，无论是中等还是高等职业院校都应该"注重教师队伍的'双师'结构，改革人事分配和管理制度，加强专兼结合的专业教学团队建设"，"逐步建立'双师型'教师资格认证体系，研究制定高等职业院校教师任职标准和准入制度"。① 这一措施旨在提高高等职业院校的教学水平和质量，使这些院校成为培养更多应用型人才的重要基地。通过研读我国教育政策文本的变化可以看出，教育政策在文件表述"双师型"时存在三方面问题。第一，"双师型"教师应具备哪些共同属性、能力以及素养。第二，对于"双师型"教师应当掌握哪些必备的实践技能类型尚未明确。前期政策对"双师型"教师应当掌握或具备的能力要求不够具体清晰，导致具体应用鉴定时出现困难，缺乏可供量化的评定标准。对"双师型"教师能力的判别应同时包括教学能力与生产实践能力，既要求"双师型"教师能胜任教师职位，又要能担任专业技术人员。遗憾的是两种职位的胜任标准并未有标准化的规则，对"双师型"教师的内涵和外延价值仅仅流于工作实践层面，没有做深入解读。第三，开展"双师型"教师培育的重要性有待进一步加强，当然这个重要性或者说是重要意义是面向各相关院校管理层的。②

---

① 关于全面提高高等职业教育教学质量的若干意见（教高〔2006〕16号）［Z］．教育部，2006．

② 肖凤翔，张弛．"双师型"教师的内涵解读［J］．中国职业技术教育，2012（15）：69-74．

第二节　工匠精神

从汉字的演变层面来说，"工""匠"与"工匠"从文字起源的角度来讲超出了不同的演变历史。"工"字的使用含义有很多，从字形的角度来看，它可以被解释为"曲尺"。我国古文字学家杨树达在《积微居小学述林·释工》中提出，"以愚观之，工盖器物之名也……然则工究当为何物乎？以字形考之，工象曲尺之形，盖即曲尺也"。从所指对象来看，"工"既可以指乐人，也能表征匠人，《左传》一书中对于"乐工歌诗"等记载大概有 25 条。在更多的情况下，"工"一般指工匠、技师等从事生产或服务行业的人。《考工记》中记载道，"知者创物，巧者述之守之，世谓之工"；《辞海·工部》中也指出，"工，匠也。凡执艺事成器物以利用者，皆谓之工"。由此可见，"工"经常与"匠"同义，同指拥有较高专业技术水平的手工业者。因此，"工匠"又常常被简称为"匠""匠人"等。"匠"字起初专用来指代"木工"，在《说文解字》中有言，"匠，木工也"，后人在《说文解字注》中又做了进一步说明，"百工皆称工、称匠。独举木工者，其字从斤也"。在《考工记·匠人》中，"匠"还被用来指代负责水利系统建设的施工者，他们的主要职责是进行城邦的规划以及设计和修建沟渠等水利设施。从东汉中期至清末，我国各大城市的都城规划基本上是继承"匠人"都城规划传统的，其建筑技术，被北宋李诫的《营造法式》总结引用，奉为楷模。① "工"与"匠"合为一体起源于"匠籍"制度的产

---

① 　闻人军．考工记译注［M］．上海：上海古籍出版社，2008.

生。所谓"匠籍"制度，是指在进入封建社会后，一种与工匠和技艺有关的登记制度。这种制度旨在对工匠的技艺和经验进行记录和传承，以便于社会的稳定和发展，工人与匠人都有了单独的户籍管理制度而区别于农民的农籍，于是才有"工在籍谓之匠"的说法，① 强调"工匠是有专门户籍和有专业技术的职业人员"。从"工匠"一词的词义演变历程上看，"工"与"匠"和"工匠"三者之间往往相互代用，都表示有专门技艺的手工业工作者。② 实际上，"工匠"是中国古代工匠的简称。根据工匠掌握的技艺水平的不同，可以将"工匠"划分为三个层次。最低层次一般通称为"百工"，如《考工记》中记述的木工、皮革、陶瓷、染色、刮磨、金工等六大类 30 余个工种的工人，大致相当于现代的普通工作工人。位于中等层次的工匠指的是那些分布在各大行业中具备专业技术的匠人，例如，被称为"鞋匠""铁匠""陶匠"等职业化的"匠人"，他们相当于现在的专业技术工人，被视为中国古代工匠的主体。最高级别的工匠则称"巨匠""大匠""能师"等，相当于现代各种工业领域的技术大师专家，如建筑业工程师、机械大师等。③ "工匠"层次基本上是从专业化发展阶段的视角进行划分的，这为我们提炼和认识工匠精神的内涵提供了一个总体的方向。特别是各个阶段成长的内在规律和外在表现，可以作为凝练工匠精神的重要依据。

现代对工匠精神的研究，一方面，需要明确"工匠"这一概念的含义；另一方面，要理解并揭示"工匠"在现代社会中的特征。我国传统工匠有一个很重要的特征就是"受限制"的身份文化和"非常狭

---

① 何庆先. 中国历代考工典（第 4 卷）考工总部［M］. 南京：江苏古籍出版社，2023：42.

② 余同元. 传统工匠及其现代转型界说［J］. 史林，2005（4）：57-66.

③ 余同元. 传统工匠及其现代转型研究——以江南早期工业化中工匠技术转型与角色转变为中心［M］. 天津：天津古籍出版社，2012：35.

窄"的手工业技术文化。而现代社会，技术工匠没有必要如以往那样依附于上一等级而存在，也不可能受制于严格的"匠籍"制度，受到各种各样的压迫和剥削，现在的匠人有自由和条件去面对自我主体性的确认——允许工匠在作品中"融入自我"，从经过自己亲手制造的更完美更卓越的工匠世界中获得自由感与幸福感。现代社会之所以在不断呼唤工匠精神的回归，是因为在机器大生产的背景下，现代技术工人的创造力在机器面前逐渐丧失从而沦为机器的附庸，丢掉了工匠在技术中应当占据的主体地位，古代匠人们虽然在户籍制度上受制于统治者，但是在从事生产工作或者制造产品时拥有极大的自由。与此同时，现代社会企业受到追求利益最大化等经济利润动机驱使，不断扭曲和蚕食着现代工业文化所传承的优秀主流价值体系，导致各种假冒伪劣、质量低下的商品不断占据市场，使得工匠精神这一优秀的产品制造理念在当前的市场里显得毫无意义。因此，想实现手工业技术文化的转型有一个前提，那就是机器的使用不能以磨灭工匠们的创造性和追求完美的品德为代价，机器不过是促进了生产效率的提升，但不应当取代工匠们引以为傲的根本；另外，还需要树立一种信念，现代工匠只有充分具备了"向善向美向真"的工匠精神，才能确保手工业技术在大机器大生产的社会背景下，不至于丢了赖以生存的内核和文化传承的价值。①

基于上述对"工匠精神"内涵的解读以及历史变化规律的研究，可以得出以下结论：工匠精神是一种注重精益求精、追求卓越的精神品质，它体现了工匠对工作的热爱、敬业和专注。随着时代的变迁，工匠精神的内涵也在不断丰富和发展，但其核心始终未变。在现代社会中，工匠精神被视为一种职业素养和精神追求，它对于提升产品质量、推动

---

① 薛栋．中国工匠精神研究［J］．职业技术教育，2016，37（25）：8-12．

行业发展具有重要意义。对生产技能处于高级水平的工匠来说，似乎他们更关心如何完成他们的工作进而获取相应的工作报酬，只有技能技艺水平磨炼达到较高水平乃至某种境界以后，产品制造才不至于沦落为一种机械性的体力活动，因为熟练掌握产品技能的工匠有时间和资本去更完整地感受和思考他们正在做的事情到底是为了何种意义和追求，匠艺的道德问题往往萌生于这一境界。在这种意义下，高级阶段的工匠精神主要表现为"通过学习工匠精神，逐渐转变为真正的工匠"。从"尚技"层面而言，要尊重师傅传授或行业传承的技艺经验，要按照程序及每一程序需要达到的标准严格执行，正如古代工匠"按乃度程"的工作要求一样，恪守规范，一丝不苟。实际上，只有不断屈从于既定的规则，才能实现对某项事物的精通，有研究表明，按照一种常用的标准，大师级别的木匠需要一万小时的经验。从"尚德"层面而言，"修身正己"的古代工匠精神在现代社会更多地体现为忠诚与坚持。之所以谈及"忠诚"，是因为我国工匠制度不完善的外部原因以及个人能力、经验的内部原因，使得进入工匠领域的群体往往是"工作选择我"，而不是"我选择工作"，因此，往往引发不了"爱一行，干一行"的职业情感，于是，"干一行，爱一行"，对工作的忠诚尤为可贵。实质上，任何工作也是"做中寻趣"，只有在做中个体才能对自身潜能和从事的工作有更深刻的理解，而对自我和职业的认知意味着在现实的工匠活动中，个人不是随心所欲地即兴而为，坚持的意志品质非常重要。坚持意味着全心全意投入，扎扎实实地从基本做起，反复练习，奠定通往优秀工匠之路的坚实基础。高级阶段工匠精神的主要内容体现为"作为工匠的境界追求"。从"尚技"层面而言，优秀的工匠应有追求极致的执念，对待工作，对待每一件产品、每一项服务，都会用功精深、用心专一、精益求精。工匠在走过"规范化"的初级阶段后，安守初心，不断提高自我要求，边犯错边摸索，在扎实的"规范化"匠技基础上大胆创新，在创新的过程中不断融入自我，作品中内含自我的灵魂，自我在作品中诞生，古代工匠崇尚的"道技合一"的境界，便是现代工匠追求的"物我同一"的艺术境界。从"尚德"层面而言，"志趣"成为优秀工匠"修身正己"的源泉与动力，不断内化和强化"经世致用"使命的工匠自觉。因为"志趣"不仅仅体现为"为自身完美"的兴趣与热爱，更重要的是体现为"为人类幸福"而愿意为之坚守一生的志气。因此，优秀工匠的道德实践不仅仅是个人的积极进取，个人超越平庸、追求卓越的信心和决心，更是心系匠艺传承与实干兴邦的担当与作为。①

---

① 薛栋. 中国工匠精神研究 [J]. 职业技术教育，2016，37（25）.

第四章

研究内容与思路

第一节　研究对象

　　本研究的研究对象是中等职业学校中的"双师型"教师的"工匠精神"。分别选取贵州省中职院校典型代表来开展研究，具有良好的代表性。

第二节　重点难点

　　研究重点：本课题的研究重点在于准确把握当前中职学校"双师型"教师的教育心理状态，准确分析影响当前中职院校开展工匠精神培育工作的因素，准确找到中职学校"双师型"教师工匠精神培育的创新可行路径以及科学创建评价中职学校"双师型"教师工匠精神的指标体系。

　　研究难点：难点主要有以下几种，一是中职院校对培育工匠精神没有足够的重视，在调研过程中配合程度不够；二是不同地区不同中职院校存在区域性的师资水平和软硬件的差异，如何找到普适性的策略与路径；三是如何创建科学高效的评价指标体系，这是本次研究的重要问题。

第三节 主要目标

探明中职学校"双师型"教师工匠精神的培育现状，在培育弘扬工匠精神引领当前中职"双师型"教师整体素养的提升上给出具有较强可行性的策略与方法。

第五章

研究方法

本次研究主要采用文献调研法、比较分析法、实证分析法、问卷调查法、逻辑推理法等研究方法。

第一节　问卷的编制

已有的研究表明，职业院校"双师型"教师的工匠精神培育与年龄、职称、所属行业及学历程度等因素密切相关。这些因素直接决定了教师对工匠精神的看法与培育路径的差异化选择。本课题组结合这些基本要素，精心设计了44个问题，从"工匠精神的内涵认知程度、校园工匠精神的培育现状、不同社会群体在工匠精神培育过程中的比重差异、工匠精神的培育方式认知及实施工匠精神培育的保障措施"等五个维度进行问卷调查，从而了解"双师型"教师对"工匠精神"的认知程度。

表1　研究对象基本情况表

被试基本情况			合计
职业院校类别	高职院校（7所）	中职院校（5所）	12所
被试院校	贵州轻工职业技术学院、贵州工业职业技术学院、贵州装备职业技术学院、贵州建设职业技术学院、铜仁职业技术学院、黔东南民族职业技术学院、黔南民族职业技术学院	贵州省交通运输学校、贵州省旅游学校、贵州省林业学校、贵阳铁路工程学校、贵阳市女子职业学校	12所
发放问卷数（份）	950	860	1810
收回问卷数（份）	920	830	1750
有效问卷数（份）	732	786	1518

第二节　样本选择及调查实施

　　考虑到贵州省职业院校师资水平和地域分布的差异，本次研究主要采用分层抽样和随机抽样相结合的方法，进行样本选择。在高职院校和中职院校中均衡抽取被试样本，兼顾省会学校与地方学校，从贵阳市、铜仁市、黔东南自治州和黔南自治州选取12所院校进行问卷调查。本次调查共发放问卷1810份，收回问卷1750份，经过核对，有效问卷共计1518份。具体调查情况详见表1。

第六章

创新点

第一节　学术思想创新

对于中职教师的研究，过去几十年已经有大量的文献和各种学说存在，然而对中职"双师型"教师开展工匠精神的培育却较少有前人文献将之详细具体阐述。显然，作为开展培训的承担者的中职学校"双师型"教师，在培养工匠精神时应当同时兼顾学生。目前研究的热点更多关注于职业教育中如何培养学生的工匠精神，而将教师与学生的需求性放到同一高度是时下亟须解决的问题之一，本课题从这一目标出发进行研究，以期起到抛砖引玉的作用，推动职业教育领域工匠精神全面发展，这是本课题的学术思想创新点。

第二节　学术观点创新

本研究课题针对以往职业教育，特别是中等职业技术教育中普遍存在的将培育工匠精神的重点和目标放在学生身上的不足。前人对培育工匠精神的认识更多的是站在宏观的角度上，认为中职院校应该如何做，但给出的培育工匠精神的路径与策略大同小异、流于重复。本课题以不同地区的中职院校为例开展调研与试验，以"理论来自实践、实践指导理论"为指导思想开展研究，同时尽力创建培育工匠精神的评价指标体系也能为以后相关人士开展此类研究提供参考，是学术观点上的创新。

第三节　研究方法创新

一是通过实地调研走访、发放调查问卷采集数据并进行数据分析、与前人研究文献进行对比分析等方法展开中职学校"双师型"教师工匠精神研究的工作。既避免了形而上学地看待中职学校"双师型"教师工匠精神培养所处的现状，也不会在践行途径上给出假大空或人云亦云的策略。此外，目前大多数学者对中职"双师型"教师的工匠精神的研究将尺度放大到整个职业教育中，缺乏对某一学校或某一类型教师的针对性的研究。本课题研究针对武陵山片区而不局限于武陵山片区，通过对发达地区、贫困地区等具有不同代表性的中职院校开展调研，研究结果具有很好的代表性，给出的培育策略和路径也具有可推广性。

第七章

中职学校"双师型"教师工匠精神
及其养成之现状、问题和策略

第一节　职业院校"双师型"教师工匠精神培育现状

一、工匠内涵认知深入、培育态度积极多元

统计数据表明，78.86%的调查对象对工匠精神的具体含义与时代内涵比较了解，仅有1.60%的受试对象不清楚工匠精神的含义与内容（见图1），这说明当前职业院校教师对工匠精神的认知、理解程度较好。对于工匠精神的起源，六成以上的调查对象认为源于中国，由于东西方文化差异的影响，对于工匠精神的理解也存在一定的区别。西方文化对工匠精神的认知更偏向于"工"，即对工作技能和操作创新更为看重，而我国自古以来的工匠精神更偏向于"匠"，匠心的比重较重使得我国的工匠精神更侧重在工作中的职业态度。随着时代的发展与行业环境及背景的变迁，工匠精神的多元化也日趋明显。从统计数据来看，75.29%的调查对象认为新时期的工匠精神应从内涵式的多元化上发展，而形式和对象上的多元化则不太受到教师们的认可。这从侧面可以反映出当前工匠精神的内涵尚未有明确的统一，于是导致不同行业不同群体在对工匠精神的内涵理解上存在着一定的分歧，这也凸显出对教师工匠精神培育的必要性与紧迫性。行业背景的时代变迁与国内经济发展的结

构转型决定了现代社会工匠精神必须得到传承与创新。这从76.50%的调查对象认为"现代工匠精神应当结合当代实际做适应性调整来传承发展工匠精神"上也可以得到验证。对于工匠精神的培育是否能直接推动教师个人能力的发展，98.92%的调查对象认为工匠精神的培育将有助于从教师科研水平、教师教学能力以及教师师德师风方面进一步提升教师个人综合素养。而对于当下比较流行的"学徒制"人才培养形式，绝大多数调查对象表示认同，其中93.81%的调查对象认为学徒制在现代工匠精神培育中占据重要的地位，并建议在大多数行业和地区进行推广采用。

表2　学校管理层面是否应当出台专门的约束政策来确保工匠精神的培育顺利开展

选项	人数	比例/%
非常有必要	767	50.39
有必要	669	43.96
不置可否	59	3.88
没必要	27	1.77

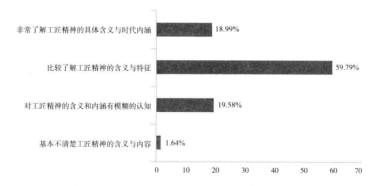

图1　职业院校"双师型"教师工匠精神认知程度图

二、培育主体分工明确、角色责任认知清晰

统计数据显示，在国家层面，78.04%的教师认为应当加大专项资金投入及在制度顶层设计方面下功夫。在企业层面，93.43%的调查对象认为应当促使企业主动对接职业院校，提供人才需求职位信息，同时加大校企合作力度，畅通产教融合渠道。在学校层面，94.31%的受访者认为学校管理层应当出台专门的约束性政策，以确保工匠精神培育工作的顺利开展（见表2），大力弘扬习近平新时代中国特色社会主义教育观，营造勤学好问、爱岗敬业的校园文化氛围。教师个人层面则引导教师合理分配教育与科研过程中的精力比例，67.62%的受调查教师均赞同将教学过程中培育工匠精神作为重点，这也是对当前"重科研、轻教学"弊病的一种反思，如何将工匠精神的培育与课堂教学有机融合，是当下值得思考的问题。

三、教学科研齐抓并举、物质精神双向激励

"工匠精神"概念被重提以来，不同行业学者均展开热烈的讨论，对于职业教育领域，工匠精神的内涵与实施始终处于一种摸索状态，不少教师认为国家教育主管部门应当在宏观层面上出台相关工匠精神培育的实施提要，为基层具体工作的开展提供旗帜鲜明的指挥棒与导向旗。2019年，国务院提出要"提高技术技能人才的待遇水平"，支持技术技能人才凭技能提升待遇，鼓励企业职务职级晋升和工资分配向关键岗位、生产一线岗位和紧缺急需的高层次、高技能人才倾斜。建立国家技术技能大师库，鼓励技术技能大师建立大师工作室，并按规定给予政策和资金支持，支持技术技能大师到职业院校担任兼职教师，参与国家重大工程项目联合攻关。积极推动职业院校毕业生在落户、就业、参加机关事业单位招聘、职称评审、职级晋升等方面与普通高校毕业生享受同

等待遇。逐步提高技术技能人才特别是技术工人收入水平和地位。机关和企事业单位招用人员不得歧视职业院校毕业生。国务院人力资源社会保障行政部门会同有关部门，适时组织清理调整对技术技能人才的歧视政策，推动形成人人皆可成才、人人尽展其才的良好环境。按照国家有关规定加大对职业院校参加有关技能大赛成绩突出毕业生的表彰奖励力度。办好职业教育活动周和世界青年技能日宣传活动，深入开展"大国工匠进校园""劳模进校园""优秀职校生校园分享"等活动，宣传展示大国工匠、能工巧匠和高素质劳动者的事迹和形象，培育和传承好工匠精神。① 而对于具体开展实施工作的教师，有无必要对其进行教师价值观的重塑工作，则产生了若干分歧，50.32%的调查对象认为很有必要对当前教师价值观进行重塑，而43.81%的教师则认为虽有必要但需谨慎操作、适度干预，以避免教师产生逆反心理。具体到培育路径上主要是师风师德、教学过程和科研过程三管齐下，在师风师德方面77.46%的受调查者认为教师应当以身作则，树立高尚的师风师德，以人格魅力将工匠精神润物细无声般融入日常生活教学科研中去。在教学过程中，受访教师对学生学习态度（47.83%）及学生价值观（27.91%）上的工匠精神培育更为看重，而学生学习方法和学习效果不适宜作为考核的标准。对于教学科研两肩挑的教师，首先是在科研工作中的每个环节要追求精益求精（32.12%），在从事科研工作的过程中要尊重事实、不弄虚作假（32.31%）。从本次研究的结果来看，教师们普遍对科研工作较为看轻，仅有21.65%的教师认同将更多的精力投入科研中，减少教学比重。这在一定程度上也折射出职业院校教师队伍科研力量相对薄弱、科研氛围不够浓郁的现状。另外，在培育工匠精神的过

---

① 国务院. 国家职业教育改革实施方案的通知［EB/OL］. 中国政府网, 2019-02-13.

程中，64.37%的教师认为很有必要给予一定的物质奖励以激发教师的工作积极性，这反映出当前开展工匠精神培育工作在某种程度上资金保障不到位，仅仅依靠喊口号、物质奖励的匮乏，对中职"双师型"教师工匠精神的培育将是一个致命的打击。值得注意的是，大多数受调查者（82.88%）均认为有必要成立专门的"工匠精神"工作团队，有利于相关工作的开展。

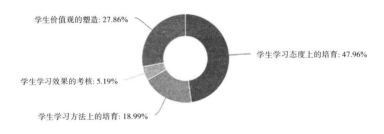

学生价值观的塑造：27.86%

学生学习态度上的培育：47.96%

学生学习效果的考核：5.19%

学生学习方法上的培育：18.99%

图2　教师在教学过程中应当注重哪方面的工匠精神培育

第二节　职业院校"双师型"教师工匠精神培育现存问题与归因分析

一、工匠精神的内涵解读与现实结合缺乏耦合

尽管多数教师对工匠精神的内涵均有所认知，但是缺乏将工匠精神内涵与自身行业相结合的解读能力，导致教师对本校工匠精神培育现状认识不充分，进而导致工匠精神的培育不能良好地与工作实际有机耦合。从目前学界的总体研究观点来看，工匠精神的范畴最初多见于传统技术工匠所从事的行业，通过对技能和心态不断打磨、不断精进，从而

实现产品的质量完善与匠心养成的过程。大多数人潜意识将工匠精神限定在特定行业的从业者范围，而没有将工匠精神与自身所处的行业切身结合起来。随着时代的发展，工匠精神不应当被局限在手工业者的价值观里，而更应当与时俱进，结合时代背景与国家需求，创新性地推广至所有职业中去。从调查结果来看，尚有 33.91% 的调查对象基本对本校工匠精神的培育现状和问题不太了解，2.04% 的受试对象对本校工匠精神的培育现状和问题完全不了解。这种认识程度上的差异反映出了不同院校、不同个体对工匠精神培育的重视程度依然薄弱。这种认识程度上的差异也导致仅有 34.29% 的教师能在日常教学与科研过程中做到"经常开展"工匠精神培育工作。这反映出当前工匠精神培育的实际不尽如人意，工匠精神概念被重提 6 年来依然没有受到足够的重视，学生工匠精神的培育质量可见一斑。95.46% 的调查对象认为很有必要进一步加强工匠精神培育，并对现行制度进行改革以支持工匠精神的培育。在目前的教学工作中，43.17% 的教师认为教学内容滞后，无法紧跟时代需求，30.14% 的教师则认为教学方式的呆板化导致学生丧失课堂学习兴趣。课堂教学的成功与否无论对教师还是学生均具有至关重要的意义，将工匠精神与课堂教学紧密耦合起来对进一步加快推动教学改革同样具有重要价值。另外，对于时下比较流行的"学徒制"人才培养形式，83.53% 的教师表示赞同，不过对于具体实施学徒制则表达了担忧。主要还是校企合作深度和宽度尚待加强，尤其是教师群体在校企合作中存在日趋明显的边缘化倾向。虽然大多数教师对工匠精神内涵比较了解，却只有 16.09% 的调查对象对本校工匠精神的培育现状很清楚（图3）。这就说明教师队伍对于工匠精神的理解其实与普通人群并没有太大差别，都呈现出认识与应用两张皮的弊病。目前中美之间各行各业的竞争特别激烈，说到底是人才的竞争。无论是实现我国 2025 年制造强国目标还是人才培养转型升级，都迫切要求职业院校开展工匠精神培育工作。教师队伍担负着培育学生工匠精神的使命，而自身却不能将工匠精神与现实教学科研结合起来，这不得不成为当前亟待解决的问题之首。

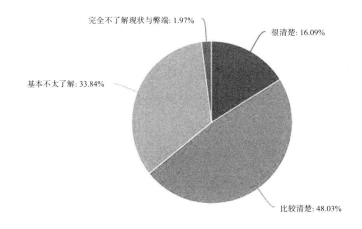

完全不了解现状与弊端: 1.97%

很清楚: 16.09%

基本不太了解: 33.84%

比较清楚: 48.03%

图3　你是否对本校工匠精神的现状和弊病有清晰的认识？

二、工匠精神的培育策略与具体实践亟待加强

诚然，多数教师已经认识到当前工匠精神培育效果不尽如人意，然而在进一步强化工匠精神培育策略的实施上依然深陷培育主体关系模糊不清、培育方式难以落地等困局。具体来看，一是教师队伍工匠精神培育有待加强。虽然教师的工作属性决定了其不管是教学还是科研均附带工匠精神的属性，然而如果专门就工匠精神的养成完成度来评判，当前教师队伍的工匠精神培育成效是不够的。33.91%的受调查教师表示不了解自身所处学校的工匠精神培育情况，如果作为培育工匠精神主体的教师自身都不了解，那这所学校的工匠精神培育又能指望有多高呢？这明显凸显出不管是学校层面还是教师层面均没有对工匠精神培育给予足够的重视。一方面是95.46%的教师认为有必要进行工匠精神培育，一

方面是大多数教师在工作中并未开展相关培育工作，问题出在哪里？是教师开展工匠精神培育工作的积极性不够，还是学校缺乏相应的压力督导？不管是何种原因，目前职业院校工匠精神培育工作有待进一步加强是不争的事实，尽管工匠精神概念的风口已过，然而作为重塑职业价值观的重要导向，工匠精神的培育应当是常态化的，针对教师队伍的工匠精神开展专门的培育工作亟待实施。二是工匠精神培育主体关系模糊不清。国家、企业、学校、教师这四个要素组成了目前职业教育领域工匠精神培育的生态系统，四者缺一不可。而对于它们之间的关系与应当占据的权重，大多数教师并不能给出明确的回答。从调查结果来看，34.99%的教师认为国家应当占据75%以上的比重，40.55%的教师认为企业应当占据75%以上的比重，同时也有36.02%的教师认为教师个人应当占75%以上的比重。这表明受调查对象对于国家、企业、学校、个人的权重具体应当如何分配是模糊不清的。国家是顶层制度的设计者、企业是资金保障的重要来源、学校是人才培养的核心、教师是进行工匠精神培育的实施主体。这一点是比较明确的，而国家应当出台哪些制度？企业应当发挥哪些作用？学校如何进一步将工匠精神融入校园文化中？教师在日常教学科研中如何具体开展工匠精神培育？都是不确定的。这是有必要进行明确阐述的。三是工匠精神的培育方式缺乏系统落地。纵观当前职业院校，能系统开展工匠精神培育的实属寥寥。不管是将工匠精神的培育写到教案和人才培养方案中去，还是编写具体的课程、教材，均鲜有实施。教师对于如何具体实施工匠精神的培育，一方面是"等"，等待国家和相关职能部门出台具体的可操作性的政策，另一方面是"要"，要求在实施工匠精神培育工作中给予专项的资金资助。从多年的实施成效来看，"等"和"要"都是不切实际的，由此教师们失去了开展工匠精神培育工作的积极性和内生动力。少数坚持开展工匠精神培育工作的教师其实是在教学科研以及师德师风上对自己有高标准严要求，事实上也是不太清楚如何系统规范地进行工匠精神培育的。另外，工匠精神培育落地难是一个明显的特征，在几乎所有人都承认开展工匠精神培育工作的重要性的前提下依然只有少数人具体实施，原因在哪里？如何将抽象化的工匠精神具体化到日常工作中去？这是当前的一个重要问题。

三、工匠精神的工作开展缺乏保障

本研究表明目前职业院校的工匠精神培育工作各项保障措施均不到位，尤其是政策和资金等关键保障。从受调查对象的反馈来看，开展工匠精神培育工作的主要因素包括政策、资金、文化、制度等。近五成的受调查者认为当前工匠精神培育工作尚不到位，仅有13.09%的受调查者持"非常到位"态度（表3）。资金保障和政策保障是当前教师更为关注的因素，在政策保障上，国家要出台更多指导性文件（43.04%），地方政府完善实施细则（25.67%），然后学校因校制宜制定具有可操作性规章（25.93%）。在宣传保障上从积极营造工匠精神的社会舆论氛围（43.93%）和引导树立正确的社会价值观（37.55%）着手，兼顾将工匠精神培育纳入教材内容中（15.58%）。在整个工匠精神的培育过程中，93.30%的受调查者表示政府职能部门的协调沟通作用非常重要，通过强化相关教育主管部门与政府职能部门的交叉沟通工作可进一步优化工匠精神培育过程的程序，避免出现卡脖子现象。77.20%的教师将政策与资金因素列为主要因素，也是当前有待加强的领域。究其原因，一是政策制度不够细化，缺乏可操作性。国家层面只有纲领性的文件，而没有给出规范化的、系统化的培育工作指南与评价体系标准。地方与学校迫于升学、职业等压力也很少对工匠精神培育工作给予足够的指导，导致教师难以具体实施相关工作。二是资金不到位。中央没有相应的专项资金，地方教育主管部门更是极少给予定向资金支持，企业作为重要的资金来源一般限定资金的流向，导致没有固定的资金支持，只能停留在义务上，从而造成教师积极性不高，部分工作如创建工匠精神工作团队等也难以开展。

表3　你觉得当前开展的工匠精神培育工作是否到位？

选项	人数/人	比例/%
非常到位	200	13.09
比较到位	425	27.92
一般	702	46.12
远远不够	195	12.81

第三节　策略的提出

一、明确内涵：分析传统和现代工匠精神内涵的差异，把握职业教育培育工匠精神的时代需求

欲有效开展工匠精神培育工作，应当深刻理解古代与现代工匠精神的内涵差异，准确把握好工匠精神培育的时代脉搏。

首先，现代工匠精神并非古代工匠精神的单纯继承。古代工匠精神与现代工匠精神在时代背景、工匠地位、个体信仰等多方面均呈现出明显的差异性。这表明在培育工匠精神时不应该完全按照古代工匠精神的价值观来进行。从已有学者的研究来看，先秦时期，虽然生产力较低，但工匠具有相对较高的社会地位，这是因为该时期生产资料匮乏，使得工匠的工作成果受到推崇和期盼。而自秦汉开始直至清末，这两千多年里工匠一直遭受统治阶级的种种压制，社会地位非常低。究其原因，我国历代各朝均属于贵族阶级统治下的农业政权，"士农工商"的社会产业排序彰显出了社会对于不同阶层的认同度。工匠作为工匠精神的主要载体，长期处于社会歧视链的末位，生活与工作一直处于压抑的状态。因此"工匠精神"事实上是属于一种被动的追求卓越的价值观。换句话说，古代工匠精神追求质量完美，在某种程度上是为了满足贵族阶级的消费需求，而制造过程的精益求精和一丝不苟，是在时间和生产资料的限制下，不得不关注低容错率，吃苦耐劳、求真务实更多是为了维持生计和养家糊口。现代"工匠精神"，无论是从工匠服务的对象群体，还是工匠的社会地位，抑或是工匠精神的价值信仰，均实现了对古代工匠精神的全方位超越。从工匠精神的服务对象来看，已经从古代的上层阶级转变为普罗大众，现代工匠得益于大机器大智能时代的契机，使匠人完全从单纯的体力制造中解放出来，现代工匠精神体现更多的是工匠精神的价值内核，由对产品质量的日趋完美的追求转变为设计、生产出更快更好更便宜的商品，规模化的生产使得过去生产效率低下而衍生出的"珍品"成为大众消费品，这是工匠精神对时代的贡献。从现代工匠的地位上看，完全颠覆了古代长期处于的弱势地位。现代社会整体仍处于工业化革命的末期，商品的生产制造是整个文明社会的关键环节，而现代工匠在生产制造大量社会商品、累积大量财富的同时，也获得了相应的社会地位。古代以来长期被重视的农业劳作者在现代反而处于弱势地位。从工匠精神的价值观来看，现代工匠精神已经不再简单局限于制造业范畴，而是超脱了行业的束缚，成为整个社会各行各业的共同追求。

　　其次，要准确把握新时代工匠精神在职业教育领域的时代需求。职业教育是培育高素质技能人才的重要阵地，也是直接服务国家经济转型的主战场，因此职业院校应当主动承担时代赋予的责任和使命，从促进经济产业转型、深入教育改革和促进人的发展三个维度满足时代需求。从目前国家大力提倡的尽快实现经济产业转型上看，我国已经基本实现了转型升级，如何进一步提供高质量的技能型劳工人才已经成为关乎国家制造业高质量发展的关键问题，也是大势所趋。制造业是目前我国经济发展的支撑产业，改革开放以来，尤其是近二十年来我国制造业在质量上和规模上均取得了翻天覆地的变化，但是需要注意的是当前我国制造业大多数还处于产业链高级阶段，表现在产品质量不够优质、原创性缺乏以及产品附加值不足，这导致我国仍然无法摆脱全球商品制造"代工厂"的标签。我国发布的《中国制造2025》旨在推动制造业改良，实现制造强国的宏伟目标。在这一过程中，核心在于"人"，也就是需要培育一大批技艺高超、素质过硬的新时代产业从业人员，这也为职业教育提供了全新的机遇并带来了全新的挑战。通过开展工匠精神培育工作，以教师队伍为抓手，以全面提升师生综合素质为目的，实现国家制造强国的战略目标。从教育改革上看，随着国际国内经济、社会、教育背景的时代变换，当前的职业教育体系已经逐渐滞后于时代需求。主要体现在核心教育观、教学方式、教材内容等方面。我国的职业教育目的首先应当是服务国家发展战略，而非被动培养工作职位上的相应工人。国家战略需要职业教育在培育理念、培育方式、培育目标上有所创新、有所改良。而培育工匠精神正是为了解决一系列国家战略的迫切需求。当前我国高等教育已经由精英教育转为大众教育，职业院校与普通本科高等学校在从业上的分歧日趋缩小，通过抢抓时代机遇，面向社会需求，培育工匠精神，从而实现教育系统的改革，促进人的全面发展。

二、推动实践：以人才培养目标倒逼培养方案改革，以课程教学支撑融合工匠精神，以校企合作深入产教融合，以现代学徒制系统承接工匠精神培育工作

工匠精神的培育归根结底是以更好实现人的培养为目标。以教师队伍为抓手，通过人才培养方案修订、课程教学改革、深入校企合作及广泛开展现代学徒制等措施，实现工匠精神培育策略的完善与落地。

具体来讲，一是以落实立德树人的总目标为落脚点，强化人才培养方案的适时改革。人才培养的最终目标是培养社会主义的合格接班人，而如何培育好接班人，关键在于教师如何教，其次在于学生怎么学。通过对现行人才培养方案进行改革，将工匠精神的培育嵌入人才培养的目标、专业分类的合理性、课程设置的创新性、评价体系的全面性和保障体系的完成度等多方面，在培育的每一个环节凸显教师的指引性，充分发挥"双师型"教师队伍的示范性与引领性。"双师型"教师队伍是职业院校师资队伍的核心与支撑，实现"双师型"教师的工匠精神培育意义重大。"双师型"教师队伍一般兼具厚实的课堂理论基础与丰富的生产操作实践经验，经过他们的培育能更有效地促进学生理论知识与操作技能的双提升。同时，"双师型"教师队伍对其他非"双师型"教师队伍也有着良好的感染力和带动作用。一方面，要扩大"双师型"教师队伍的组成覆盖面，大力引进德艺双馨的教师，持续提高"双师型"教师的比例；另一方面，要积极为非"双师型"教师开展职后培训，鼓励他们尽快转变成"双师型"教师。

二是以课程教学为支撑点，将工匠精神融合在每个程序中。职业院校首先应当在专业设置与课程开设的合理性、创新性以及与市场结合的紧密性上重新研判，防止专业设置出现同质化的不良倾向。相比于普通本科高校，职业教育和市场与社会的联结作用更为紧密直接，职业教育所依赖的课程设置与操作实习如果不能与社会、企业紧密接轨将会被迅速淘汰,因此,职业院校应当严格贯彻国家战略部署,紧跟市场需求,及时调整专业课程设置,果断摒除过时老旧的专业课程,实现与社会经济发展需求的对接。职业院校教师则应当深入调研思考新时代背景下经济社会的发展对人才培养提出了什么要求,并结合自身实践将解决方案融入人才培养方案、教学内容、教学方式和教学评价考核中去,使学生在接受理论知识、提高实践能力的同时,更注重精益求精、爱岗敬业的职业精神的培育。同时要结合我国所处的时代背景和《中国制造2025》行动纲领的要求,根据不同专业的特点,把"工匠精神"的培育融合在课程教学的每个环节。

三是以校企合作为着力点,强化产教融合的纽带作用。校企合作作为职业教育领域的特色人才培养形式,具备了开展工匠精神教育的得天独厚的优势。然而单独依靠职业院校的力量显然远远不够,需要综合协调其他因素,特别是要注重加强与企业界的联合互动,以企业为核心的产业界在资金上应给予支持,促成开展工匠精神的资本基础。职业院校应积极协调企业,在资金使用流向方面,除传统支持项目之外,就工匠精神专项资金的可行性进行探讨与促成,为职业院校开展工匠精神培育工作提供关键的资金保障。多数职业院校虽然创建了模拟生产车间,然而,这种课堂化的操作环境与现实企业生产仍存在较大的差异,只有实地深入企业车间摸摸看看,才能切实体会到什么是工匠精神。《中共中央关于制定国民经济和社会发展第十四个五年规划和二〇三五年远景目标的建议》明确了"建设高质量教育体系。……加大人力资本投入,增强职业技术教育适应性,深化职普融通、产教融合、校企合作,探索中国特色学徒制，大力培养技术技能人才"①。同时，《关于加快推进乡村人才振兴的意见》提出要"培育乡村工匠"，"优先支持高水平农业高职院校开展本科层次职业教育，采取校企合作、政府划拨、整合资源等方式建设一批实习实训基地"②。职业院校，特别是中西部贫困地区职业院校，应当抢抓政策红利，强化校企合作宽度和深度，在职位设置、培养方案制订、职业技能和职业素养提升等多个维度加大工匠精神培育力度。

四是以学徒制为创新点，探索工匠精神培育新路径。传统学徒制主要是师傅对学生传授手工艺，对其进行的是工作经验和职业技巧的单方面传授。现代学徒制创建在校企合作的基础之上，以学校和企业为培育学生的联合主体。它以课堂教学为基础，以企业实习为纽带，以人才培养为目标。现代学徒制有利于促进行业、企业参与职业教育人才培养全过程，实现专业设置与产业需求对接，课程内容与职业标准对接，教学过程与生产过程对接，毕业证书与职业资历证书对接，职业教育与毕生学习对接，从而提高人才培养质量。③ 我国高度重视现代学徒制在职业教育人才培养中的关键地位。早在2014年，《教育部关于开展现代学徒制试点工作的意见》就选择了一批有条件、基础好的地市、行业、骨干企业和职业院校作为教育部首批试点单位，着力开展学徒制试点工作。《教育部办公厅关于全面推进现代学徒制工作的通知》明确了全面推广现代学徒制的目标任务和工作措施，引导行业、企业和学校积极实

---

① 中共中央办公厅．中共中央关于制定国民经济和社会发展第十四个五年规划和二〇三五年远景目标的建议［EB/OL］．中国政府网，2020-11-03.

② 中共中央办公厅，国务院办公厅．中共中央办公厅 国务院办公厅印发《关于加快推进乡村人才振兴的意见》［EB/OL］．中国政府网，2021-02-23.

③ 国务院．国务院关于印发国家职业教育改革实施方案的通知［EB/OL］．中国政府网，2019-01-24.

行现代学徒制，促进职业教育与产业融合，提高人才培养质量。在《中共中央关于制定国民经济和社会发展第十四个五年规划和二〇三五年远景目标的建议》中，提出了"加大人力资本投入，增强职业技术教育适应性，深化职普融通、产教融合、校企合作，探索中国特色学徒制，大力培养技术技能人才"①。在"十三五"期间，我国已经在现代学徒制方面取得了显著的成效。目前，我国已经布局了558个现代学徒制试点单位，覆盖1000多个专业点，惠及10万余名学生（学徒）。现代学徒制作为职业教育人才培养的创新形式，已经成为我国职业教育发展的重要组成部分。职业院校和企业应当继续稳步推进现代学徒制工作开展，加大工匠精神在现代学徒制工作中的比重。其一，在导师遴选上严把关。现代学徒制以职业院校导师和企业导师联合负责的形式开展学生培育。在遴选导师时要因人制宜，选择教学水平高、实践经验丰富、师德师风优良的"双师型"教师作为学生导师。其二，在培育方式上有突破。现代学徒制有别于传统学徒制就在于不再是简单的师傅手把手带学生学习手工艺，而是导师负责指导，学生探索实践。导师应当根据学生个人综合素质量身定做相应的培养方案。对专业课程的开设、企业实践的职位与时长、学习成绩的评定等方面进行人性化调配，以落实立德树人，最大化实现人才培养目标。其三，在导师考核标准上有创新。工匠精神的培育是一项潜移默化的渲染熏陶过程，在促使教师开展工匠精神培育的同时，考核标准也应当有所创新。不能再以传统的学生学习成绩为单一评定指标，而应在学生职业技能提升度、职业素养累计度、培养目标达成度及顶岗实习企业满意度等多个维度进行综合考核。另外不宜急功近利，设立定量化的时间表，以避免导师为了完成硬性指标而

---

① 中共中央办公厅. 中共中央关于制定国民经济和社会发展第十四个五年规划和二〇三五年远景目标的建议［EB/OL］. 中国政府网，2020-11-03.

更改工匠精神培育的内容甚至敷衍了事。

三、强化保障：以组织保障为核心，以资金保障为根本，以文化保障为重点强化工匠精神的培育保障

工匠精神的培育工作是一项系统工程，维持其高效运转实施需要一系列保障措施的协同支持。具体来看，一是要强化组织保障。职业院校要把加强组织保障落实到工匠精神培育的全过程。全面贯彻落实党的教育方针，落实好国家对于培育工匠精神的各项要求，完善本校工匠精神培育的实施制度与保障政策。党中央、国务院非常重视职业教育发展，国务院在《关于印发国家职业教育改革实施方案的通知》中明确提出，"提高中等职业教育发展水平。优化教育结构，把发展中等职业教育作为普及高中阶段教育和建设中国特色职业教育体系的重要基础，保持高中阶段教育职普比大体相当，使绝大多数城乡新增劳动力接受高中阶段教育。改善中等职业学校基本办学条件。加强省级统筹，建好办好一批县域职教中心，重点支持集中连片特困地区每个地（市、州、盟）原则上至少建设一所符合当地经济社会发展和技术技能人才培养需要的中等职业学校。指导各地优化中等职业学校布局结构，科学配置并做大做强职业教育资源。加大对民族地区、贫困地区和残疾人职业教育的政策、金融支持力度，落实职业教育东西协作行动计划，办好内地少数民族中职班。完善招生机制，建立中等职业学校和普通高中统一招生平台，精确服务区域发展需求。积极招收初高中毕业未升学学生、退役军人、退役运动员、下岗职工、返乡农民工等接受中等职业教育；服务乡村振兴战略，为广大乡村培养以新型职业农民为主体的乡村实用人才。发挥中等职业学校作用，帮助部分学业困难学生按规定在职业学校完成

义务教育,并接受部分职业技能学习。"① 国发〔2019〕4 号《国务院关于印发国家职业教育改革实施方案的通知》:从 2019 年起,职业院校、应用型本科高校相关专业教师原则上从具有 3 年以上企业工作经历并具有高职以上学历的人员中公开招聘,特殊高技能人才(含具有高级工以上职业资格人员)可适当放宽学历要求,2020 年起基本不再从应届毕业生中招聘。加强职业技术师范院校建设,优化结构布局,引导一批高水平工科学校举办职业技术师范教育。实施职业院校教师素质提高计划,建立 100 个"双师型"教师培养培训基地,职业院校、应用型本科高校教师每年至少 1 个月在企业或实训基地实训,落实教师 5 年一周期的全员轮训制度。探索组建高水平、结构化教师教学创新团队,教师分工协作进行模块化教学。定期组织选派职业院校专业骨干教师赴国外研修访学。在职业院校实行高层次、高技能人才以直接考察的方式公开招聘。建立健全职业院校自主聘任兼职教师的办法,推动企业工程技术人员、高技能人才和职业院校教师双向流动。职业院校通过校企合作、技术服务、社会培训、自办企业等所得收入,可按一定比例作为绩效工资来源。② 加强工匠精神培育工作和现代学徒制的推广,同时贯彻落实《国家职业教育改革实施方案》和《职业教育提质培优行动计划(2020—2023 年)》。落实工匠精神培育目标,出台本校工匠精神培育方案,细化教师队伍工匠精神培育准则,完善工匠精神培育的考核机制。积极协调政府、企业共同制定以工匠精神培育为核心的现代学徒制质量评价机制,并将工匠精神培育的成效作为教师年终考核的标准

---

① 国务院. 国务院关于印发国家职业教育改革实施方案的通知 [EB/OL]. 中国政府网,2019-02-13.

② 中共中央办公厅,国务院办公厅. 中共中央办公厅 国务院办公厅印发《关于推动现代职业教育高质量发展的意见》[EB/OL]. 中国政府网,2021-10-12.

之一。

二是要完善工匠精神财政支持机制。职业院校教育经费要适度向工匠精神培育工作倾斜，根据本地区本校的资金情况，在工匠精神培育领域尤其是相关专业课程的开设、培育计划的修订、教师进修学习、校企合作活动经费等多方面，创建与办学规模和办学质量相适应的财政支持政策。有条件的情况下应尝试创建职业院校教师工匠精神培育专项资金，同时积极探索吸纳社会资本参与职业教育工匠精神培育，健全资金分配比例，拓宽经费来源渠道。

三是要充分发挥校园文化的感染和熏陶作用。文化对于个人品格的塑造和发展具有潜移默化的影响，参与者在教学和学习的过程中难以避免地会受到校园文化的熏陶和影响。由此校园文化的建设成为工匠精神培育的关键组成部分。职业院校应从校园文化的建设着手，积极优化该隐形资源的载体作用，在硬件、软件上投入相应的人力物力，打造精益求精、追求卓越、一丝不苟、力求完美的校园文化氛围。一方面，校园文化建设的对象是教师的"能教"，通过开展不同形式的研讨会、论坛、交流会，线上线下探讨如何使工匠精神更好地融入教师的教学和科研中；另一方面，则是学生的"会学"，工匠精神的培育目的归根结底还是促使学生更好地接受教育，而通过工匠精神的培育使其融入人生观、价值观与学习观中去，进而掌握更好的学习方法，实现毕生受用的目的是工匠精神培育的最终体现。社会、学校应当在全社会大力弘扬工匠精神，通过竖立能工巧匠的雕塑、在各个角落打出标语、为师生播放大国重器经典纪录片等方式提升工匠文化氛围，在潜移默化中使师生得到思想上的感染与行为上的指引。

第八章

工匠精神视域下中职"双师型"教师
专业素养培育要素影响分析

一、中职学校"双师型"教师专业素质内涵

教师的专业素质是一个十分丰富的概念,对不同教育体系构成要素来讲包含着不同的理解和解构方式。我们把视角缩小至中职学校"双师型"教师这一对象,其内涵主要可以从崇高的师德师风、精湛的专业能力、先进的培养模式、严谨的工作态度方面进行理解。

(一)崇高的师德师风

习近平总书记指出:"要加强师德师风建设,坚持教书和育人相统一,坚持言传和身教相统一,坚持潜心问道和关注社会相统一,坚持学术自由和学术规范相统一,引导广大教师以德立身、以德立学、以德施教。"[1] 教育部等七部门印发了《关于加强和改进新时代师德师风建设的意见》的通知(教师〔2019〕10 号),从大力提升教师职业道德素养、将师德师风建设要求贯穿教师管理全过程、着力营造全社会尊师重教氛围以及推进师德师风建设任务落到实处等方面对开展师德师风进一步明确细化要求。

中职学校"双师型"教师的师德师风,相较于高等院校有着独特的特点。一是身份的重新界定。"双师型"这一概念的理解从国内教育

---

[1] 习近平在全国高校思想政治工作会议上的讲话 [N]. 人民日报, 2016-12-09 (1).

领域的过往轨迹来看，普遍将其定义为两种不同类型的资格证持有，其实是失之偏颇的。不能说一个教师考取了两个行业或技能资格证就能称其为"双师型"教师，这需要一个教学加实践的检验，需要成功的育人成果才能予以定义。从目前中职学校发展的实际情况来看，笔者认为将"双师型"里面的其中一个"师"理解为"师德师风"更为适当。尽管国家层面已经对师德师风的重要性进行过多次阐述，事实上对于师德师风的履行效果的考核或者说评价是难以定性的。教育部发布多次针对不同地区不同学校违反师德师风的个案处理通报，只能说是将其纳入负面清单，而对于量化的中性评判标准依然未见有公开。二是面向对象的特殊性。中职教师，无论是否属于"双师型"范畴，其直接教育对象为中职学生，这属于一个庞大的青春期中学生群体。正处于人生观价值观的形成塑造阶段。比起知识和技能的传输，对学生的性格价值观念的正确引导更为重要和迫切。当前我国职普分流政策将导致职业院校学生数量规模稳步扩大，对这一大群体的价值观引导树立对增强学生抵御不良观念侵袭，维持社会和谐稳定发展有着重要的意义。而这就要求教师群体要以身作则，培育并展现自身高尚的师德师风，以耳濡目染的言传身教春风化雨般教导学生，实现非刻意性的思想品德提升。这一过程在经济落后地区的意义更为重要。

（二）精湛的专业能力

教师的专业能力包括教师的教学能力、专业实践能力、管理协调能力、科学研究能力以及沟通能力等方面。从教师的教学能力上讲，这是其作为一名教师所应当具备的最基础也最核心的专业要素。包括教学内容设计能力、教学的过程开展能力和教学效果的达成度分析能力或者说是教学的评价能力。教学内容的设计上要精益求精地去对海量的知识信息做适当的筛选重构，根据学生的具体情况做出最优化的内容抉择。这些都要求一名优秀的教师应当同时也具备知识的整合能力。教学过程的开展能力既包括课堂授课时的知识传输，也包括课后环节和实习实践环节的指导。这是学生接受知识最重要的环节，直接决定了人才培养的最终成效最大化。教学成果的达成度分析能力或者说是教学的评价能力，既包括了对学生的学习效果进行测试评价，也包含对教师施教结果的考核评价过程，评价主体是师生双向进行，优秀的教学能力体现在教学三环节里都要做到以学生为主体，以育人为目标。从教师的专业实践能力上讲，职业教育相较于普通教育最大的特点或者说优势就是理论与实践的结合更明显。这就要求教师不但教学过程教得好，同时也应当具备娴熟高超的实践操作技能，最好是有一定的行业生产经验，这样在技能实践环节可以针对生产实践环节的核心要点给学生做标准示范演示。从教师的管理协调能力上讲，中职教师更大程度扮演了学生们的校园导师角色，这是一种介于班主任和家长之间的地位呈现。其职责不但包括课堂秩序管理，还有学生顶岗实习、外出实践、社会活动参与等。既要能够根据课程内容和学生接受情况适时适度调整，也要为学生的生涯规划和工作实践提供指导。另外也包括对突发事件的紧急处理能力等。从教师的科学研究能力上讲，中职学校教师的科研能力要求与高等院校相比有所弱化，不过作为优秀的"双师型"教师必然不能缺少科学研发的能力。科研能力既包含了对深度知识的探索和实践技能的突破，同时对教学能力的改革完善以及有关制度的创新也可以纳入泛科研的范畴。最后教师的沟通能力是最容易被忽视的也是非常关键的一环。如何通过高效的沟通及时掌握学生的思想动态和教学成效，对及时做出相应调整和改变非常重要。

（三）先进的培养理念

2022 年 4 月 25 日，习近平总书记在中国人民大学考察时强调，"为谁培养人、培养什么人、怎样培养人"始终是教育的根本问题。职业教育，尤其是中职教育的培养理念直接影响着人才的培育质量，决定着学生的职业生涯规划。而教师所秉承的先进的培养理念，至少应当包含以下几方面：首先，能畅通学历衔接体系。要具备以中职教育为实施主体，涵盖多学历类型（包括成人教育等非学历教育）、多层次学历衔接（中职到高职到本科到研究生等学历进阶）渠道，满足中职学生的学历提升和就业体系。还要关心弱势群体，对于学习成绩较差、动手能力偏弱、家庭条件贫困以及体弱多病学生等弱势群体要强化支持关心力度，无论是在教育上还是生活上以及心理关怀上都适度予以倾斜。其次，完善课程机制，兼顾学生个性培育。一是建立好动态的专业调整调换制度。以信息化平台作为支撑，允许学生根据自身能力、兴趣、需求和特长等有选择性地调换更适合自身发展的专业。同样允许学生选修第二专业，支持其考取相关证书。二是建立好合适的课程体系。通过选课系统灵活设置必修选修课程，允许学生根据培养计划和个人爱好选取相关课程，允许学生跨专业辅修其他课程。同时针对授课内容和实践内容组织开展多种形式的知识竞赛和技能人赛。最后，建立完善与"立德树人"总目标相符合的学生评价体系。组织教师深度参与，建立修改相关管理制度，重新修订教师评价体系，在考核教师的过程中，鼓励有想法、有创新、有温度的育人模式，提升学校、家长、学生对教师的满意度。

（四）严谨的工作态度

天下大事，皆出于细。细节往往容易被忽视，却屡屡决定着做事的成功与否。教师行业更要求精益求精、追求严谨的工作态度。任何小的纰漏在施教的过程中会慢慢被放大，在航天、医疗、精密机床等领域的教育中更是容不得半点马虎。从工匠精神的范畴来说，工作态度是最能体现教师的职业素养的方式。首先，严谨的工作态度意味着认真负责。为人民实施好教育、为国家培养好人才是神圣的使命，也是艰巨的任务。优秀的教师应当认真把握育人的每一个环节，杜绝马虎敷衍，摒弃推诿扯皮，只有认认真真地把工作做到实处，才能确保人才的培养质量。其次，严谨的工作态度要求严谨细致的行为。认真是一种习惯，细致是一种习惯。无论是课堂知识的传授，还是实践操作技能的演示，抑或是学生考核评价环节，都要做到一丝不苟，细致入微，减少不必要的差错，避免无意义的重复劳动。最后，严谨的工作态度也意味着对纪律和规范的严格遵守。教师要在工作和日常生活中以身作则，严格遵守各项法律法规和规章制度。不做随意无意义的变动，不做违规操作，只有严格遵守工作纪律，才能保证各项工作稳步推进，才能在行为示范层面上为学生树立榜样。

二、工匠精神视域下中职学校"双师型"教师专业素质发展存在的问题

根据中职学校"双师型"教师的工匠精神培育现状，根据其所处教育系统中的特殊性，结合教师专业素养发展研究的已有成果，本书认为在工匠精神视域下，中职学校"双师型"教师的专业素养发展主要受教师个人因素、学校因素和社会因素的制约而出现一些亟待解决的问题。

（一）教师个人因素

任何事物的发展都遵循辩证法，教师的专业素养发展同时受内因和

外因驱动，内因起决定作用，外因影响着发展的速率。教师个人的内生动能包括教师的受教育水平、教师的个人追求、教师的育人观念、教师的人生观和价值观以及教师的家庭因素等，这些都将直接作用于教师个人，进而对教师个人的专业素养发展产生影响。具体而言，影响中职学校"双师型"教师专业素养发展的个人因素可以总结如下：

一是教师的职业自信心较差。任何职业素养发展都需要从业者本人首先要具备较强的职业认同感和为职业努力进取的奋斗精神状态。教师行业更要求具有积极向上、克服困难的自信风貌，以此带给学生精神上的鼓励。然而，从国内中职学校的教师风貌观察来看，虽然国家近些年一直在大力倡导开展及强化职业教育事业，对中等职业院校的发展也给予了不少政策与资金支持，不过这并没有从大众的心理观念上进行转变。也就是表现在当前大多数人对职业教育整个体系都是存在着不同程度的认知偏见的，认为职业教育是低人一等的教育形式，这从中国家长对职业院校的参与积极性就可以明显得到证明。即使是在职业教育体系内，也存在着高职的受欢迎程度远大于中职的情况，加上中职教育到高职教育的学历衔接体系不够健全，中职学校的办学积极性屡屡受到挫折。中职教师的职业自豪感和职业自信心不可避免地受到打击。在与高等教育教师和义务教育教师的对比中更为明显。需要注意的是，这种职业自信心的缺失并不会因为有"双师型"资质而有所减弱，由此可见，普通教师面临的境遇只会更差。

二是教师的进取动能不足。教师的专业素质发展，是伴随整个职业生涯的长期培育奋斗过程，需要从业者时刻保持专注力和对自身职业荣誉的追求而激发的进取心来维持。由此方可转化为日常教学科研实践过程中的内生动力，释放主观能动性获得成果。然而不少中职教师，尤其是一些学历较低、资历较老的教师对职业生涯的积极程度严重减弱，甚至会滋生浑浑噩噩度日的躺平状态。不同于普通教育和义务教育，中职教育的考核压力较低，事实上也是因为社会、家长、学生自身已经降低了对中职教育的期望值。这似乎是在我国国情下所出现的特殊形态。客观上来讲，中职学生的生源质量和努力程度相比普通教育来说偏弱，很多学生并没有提升学历的成才需求，更有一部分学生抱着混日子的心态坐等毕业，这注定了其学习风貌不可能让人满意，从而导致教师培育学生的积极性和动力严重受挫，虽然不少教师由于自身责任心的驱使并没有失去工作热情，但是这种主观与客观上的错位矛盾必然使教师长期处于自我怀疑的状态中，从而严重影响教师的职业进取心，最终也不利于中职学生的人才培养结果。

三是教师的学习能力有所欠缺。专业素养的提升发展是一个系统的过程，既包含了教师本人的主观意愿，包括主动学习的意识、自主学习的努力程度，也受到非主观控制因素的作用影响。主要体现在两个方面：一方面，教师的自身基础薄弱。从我国中职教师的分布结构来讲，学历较高的占比较低，普遍以大专至本科为主。毕业院校也一般以师范类院校和一般大学为主，这也从侧面表明，教师本身的发展基础就较弱。特别是在新时代背景下，产业结构的快速转型升级和科学技术的爆炸式发展迭代，对教师的学习能力的敏捷度和精深度提出了更高的要求。此外，大多数中职学校对教师学习能力并没有专项考核要求，职后教育也对此缺乏重视，导致中职教师专业基础知识结构不够扎实均衡，学习难度增大从而导致自身学习意愿进一步降低。另一方面，中职教师的教学能力、科研能力不够强。当前中职教师普遍具备基础的教学能力，然而新时代提出了新要求，中职教育不能满足于基础知识的简单传输，而要因材施教，根据经济发展的需求和学生的个性禀赋差异创新教学能力和方法，使学生不但获得课堂上教授的知识，更重要的是学会探索知识和操作技能的思维方法。中职教师的科研能力在更大程度上是普遍的弱项。由于中职学校很少有科研能力上的考核要求，对教师的考核评价也更侧重于教学能力和教学效果，教师的工作重心侧重于教学而非科研上。事实上，由于中职教师本身科研能力的不足和学校科研平台的匮乏，很多学校，尤其是贫困地区的中职学校根本没有从事科研创新研发的条件和氛围，更加剧了中职教师科研能力的弱化。

（二）学校因素

校园作为教师工作和学习的重要场所，受教师个人和社会因素的叠加作用，将对教师的专业素养发展起到关键的影响。根据"双师型"教师的群体特征，以国内中职院校教师的办学风格作为参考基准，总结起来，中职学校"双师型"教师专业发展受学校的影响主要体现在以下几个方面：一是中职学校的专业素养发展氛围不够浓厚。学校是教师从事专业素养能力提升最核心也最主要的工作学习场所，学校中所具备的物质、文化、制度、氛围等均将在不同程度上对教师的专业素质发展起到影响。在校园的人文氛围方面，主要体现在师生关系的和谐程度、是否具备良好的教学互动以及教师从事科研的环境等方面。显而易见的是，良性互动的师生关系和互相鼓励的教学科研氛围对于教师开展专业素质培育以及职业自信心的提升有着巨大的正向激励作用。教学并不能简单定义为教师单方面地向学生灌输已有的知识，这是一个在彼此互动的过程中探索学习思维培育人才体系的有机演变过程。这里既包括了教师对职业发展的需求，也体现了学生吸收知识获取面向社会基本技能的诉求，这种彼此的需要奠定了师生关系良性互动的充分性和必要性。不过基于当前中职学校的生源质量、中职教师的专业发展基础以及不同中职学校的发展定位参差不齐等多种因素联合影响，导致理想中的良性师生关系较难实现。与高职院校和大学等相比,中职学校的科研环境无论是从硬件设施、科研平台、科研队伍和科研基础等均全面薄弱,这造成教师难以顺利进行科研能力的提升,久而久之便逐渐荒废科研能力的建设。此外,学校的管理者在中职教师的专业素养发展过程中有着很大的影响。校长的治学观点直接决定着中职学校的办学定位、规章制度的倾斜方向以及科研教学氛围的浓厚程度。部分校长对教师专业素养提升的重视程度不足,片面追求中职学生的升学率或是就业率,在教师考核评价机制上过于侧重教师实践成果,导致教师的工作开展方向也随之发生偏转。教师的自主性不能得到保障,主观能动性的释放更是难以实现。二是管理评价制度继续改善。制度是确保教师专业素养提升的重要保障。完善的制度保障体系对教师的专业化发展起到由表及里的正向促进作用。从当前中职学校以及教育管理部门对中职学校"双师型"教师的管理评价标准制度来看,首先,"双师型"教师聘用标准不够完善,这就导致一些已经具备"双师型"教师资质的教师并不能作为"双师型"教师聘入。在职称评聘和团队发展上受到了很大程度的约束。尤其是对于企业工厂内行业兼职教师,很大程度上兼具了生产实践技能和教学技能,但是由于其工作所处的特殊性和易流动性等特点,中职学校很难将其作为"双师型"教师予以聘用。在经济发达地区这一现象更为明显,这无疑将会对教师的专业发展起到限制和阻滞作用。其次,针对"双师型"教师的考核评价尚未有完善的指导标准。这一点从"双师型"教师的认定标准多年来依然存在争议即可见一斑。对"双师型"教师的教学科研成果评价是否与普通中职教师一致,抑或是根据学校和"双师型"教师待遇采取特定的考核方式也尚未完善。这无论是对"双师型"教师还是普通教师均挫伤其工作积极性。

（三）社会因素

"社会经济文化的发展水平，社会对于教育与教师的地位与价值的认知和看法，教育改革与发展对学校教育和教师的要求，教育行政部门对教师培养和发展的政策导向、奖惩机制等，作为社会环境因素影响着教师的成长，特别是教师的专业发展。"[①] 在诸多社会影响因素中，起主导作用的是社会环境对中职教师社会地位和价值的认同感以及相关制度的完善程度。

一是传统思想桎梏着中职学校"双师型"教师的专业素养培育。在中国传统思想观念里，职业教育的体系整体处于教育系统的底层位置，而职业教育从业人员的社会地位普遍也低于高等院校教师。从授课形式和培育目标来看，甚至将中职教育与培训机构划为相同的社会阶层，直到联合国教科文组织在《关于教师地位的建议》中方才使教师的专业地位得以基本确定。事实上，这里所指的中职教师的社会地位，是指社会根据中职教师的工作成效所赋予人们对其观念上的看法以及与之相对应的劳动报酬和薪资体系，一般来讲，对某一行业的待遇高低成为普遍的衡量社会地位高低的标准。中职学校教师的薪资收入显然远远低于普通教育的教师，与高等院校的教师比，差距就更为明显。从待遇上来讲，无论是福利保障，还是科研成果奖励等方面，中职教师都毫无优势可言，同时中职教师还要承担课堂教学和实习实践等多种工作，这种待遇上的差异使得中职教师无论是在职业荣誉感还是现实生活保障上均难以达到心态平和，因此中职学校"双师型"教师逐渐流失。

二是受到普通教育的冲击较为严重。目前我国高等教育毛入学率已超过60%，高中教育更是实现大面积普及，这使得学生提升学历走普通

---

① 叶小明.高等职业院校教师专业发展研究［D］.武汉：华中科技大学，2008.

教育渠道上大学难度降低，与之相对应的就是职业教育生源的数量和质量均大幅度降低，同时由于国内生育率持续走低，进一步加剧了生源的竞争，在社会观念的影响下，只要能走普通教育渠道，很少有家长愿意把孩子送到中职、高职院校里求学的，在这种社会背景的强烈影响下，职业教育的社会认同感越来越边缘化，尽管国家一直在鼓励职业教育办学并且也采取了一系列措施，然而中职教师不可避免会受到较大影响使之难以把注意力放到育人事业上，没有社会认同感的职业是很难实现良好的专业素养发展的。

三、中职学校"双师型"教师专业素质发展路径探讨

前文已经就中职学校"双师型"教师的专业素质发展进行了探讨，针对其影响发展的因素从个人、学校和社会等角度给出以下建议：

（一）增强教师内生动力，促使教师自我认知提升

中职教师的专业素养培育根源在于教师本人的自我认知水平，外界因素的作用只能加速或减弱本人能力的作用效果。只有优先确保教师自身专业素养发展的意识觉醒和自主培育行动能力的养成，才能更进一步接受外部因素的正向刺激。一是教师自身应当树立持续向上的工作态度和具备抗拒外部不利影响的能力。中职教师自身首先要对现有的工作状态和职业风貌进行反思，正确认识自身社会地位，要充分认识到当前社会环境对自身职业素养提升的不利因素是客观存在的、短期难以改变的事实，不能因此而丧失职业进取心，影响个人职业生涯发展规划。要根据自身实际情况和外部环境的具体情况修改完善个人发展方向和步骤，将社会价值融入专业素养提升中。要坚定"双师型"教师对社会的价值与意义并不会因为传统的偏见认知所改变。树立崇高的职业荣誉感和

使命感，并将其牢牢赋存于自我专业发展进程中，确定个人职业发展的目标并完善具体的执行计划，同时不断反思自身状态、不断进行调整，逐步达到成熟的专业发展状态。二是积极与学校和教育管理部门实现互通，争取教师的专业发展自主权。在教育管理部门和学校制定相关政策及规章制度时，要结合自身专业发展提升的要求提出建设性的意见和建议，对严重制约中职教师专业发展的不合理政策要积极进行协调修订，不能因为委曲求全而使自身的职业发展受到人为的限制。专业发展的自主权不能仅仅关注教师的权利，同时也应当兼顾到教师的义务，目的也是在教师完成相应义务的同时激发自身主观能动性，杜绝躺平思想的出现。在学校管理层面上来说，要转变传统的管理方式，做到"以生为本"的同时也要兼顾"以师为本"。尤其是要转变高压行政管理方式，努力构建和谐民主的柔性管理制度，从而释放教师的主观能动性，尊重教师的职业发展诉求。进一步扩大教师的专业发展自主权，在教学科研过程中减少诸多不必要的干涉，在教师确保完成自身工作任务的基础上，对教师的授课时间、授课内容和方式以及对教师的考核评价方式等采取较为人文的灵活标准，从而帮助教师更快实现专业素养提升。

（二）营造良好校园氛围，创新完善现有育人模式

校园因素是教师进行专业发展的核心与关键。结合前人研究，中职学校要创新人才培养模式，凸显"双师型"教师特色优势。课程教学模式是教师实现专业发展的核心依赖与关键途径，因此，想要促进中职教师专业素养提升，在课程教学模式上实现创新，破除传统授课方式带来的高功低效尤为关键。本书建议：一是要重构优化现有专业课程组合形式，搭建以能力为本位和以学生为本位的授课新理念。在课程设置环节，课程设置类别主要由校内通识课、校内选修课及实践课程三部分组

成。在这三类课程制订实施计划时要按照课程融通、交叉贯穿、以生为本、适度适量的基本原则确定。对学生的能力本位培育也间接实现了教师的能力本位提升,以能力作为课程设置目标,强化职业素养发展的培育。在课程设置时要尤为重视学生培育目标一体化及其与课程具体的衔接度。二是在专业课与通选课的设置上要强化学科交叉的意识,以大理工科和大文科为基础框架,避免过于细分专业课程导致知识学习碎片化和学科框架割裂化。将课堂教学的内容精心组合,结合课堂知识竞赛和技能实践大赛等对所学知识进行系统整合考查。把现今流行的交叉思想渗透进中职学生的学习中,从而培养具备复合型交叉思维的新时代职业劳动人员。三是在课程的设置特点上要尤其注重精准性、趣味性和实践性。根据中职学生的专业特点和个人培养计划的侧重方向,有选择地在海量课程库中选择适合学生的课程,同时在课堂授课、课外实践等过程中插入多种有趣互动环节,避免机械照搬课本授课。要确保所选定的课程具备较强的可操作性,以能完全诠释所需知识兼顾理论与实践结合的原则为最佳。四是改进现有培训方式,对中职教师加大培训力度和宽度。在校内培训上学校管理层应当充分重视本校教师的专业素养提升,充分考虑教师自身的专业基础差异程度,从而因人施策组织相关专家开展校内培训。具体实施方式既可以送教师到校外参加培训,也可以邀请校外专家来本校开展培训讲座等。对于中职学校"双师型"教师,培训专家的选择上一般至少是高校知名学者、企业技术精英和其他知名院校的"双师型"教师等。另外,可进一步加强中职院校与相对应的高职院校乃至大学之间的学术交流互动,充分利用对方的优势平台、高端人才库以及科研资源等提升本校教师专业发展素养。与企业进一步强化校企合作广度深度,充分认识校企合作在中职教师职业发展素养中的重要作用,增加中职学校教师到企业生产现场观摩交流,了解课程理论与实践结合中存在的差异，从而为下一步工作计划的开展提供决策依据。

（三）优化院校治理体系，多措并举提升教师素养

在中职院校教师素养提升过程中，中职院校治理体系的现代化水平起着重要的作用。在具体实践过程中，应当从以下几方面着手：一是建立完善教师资格准入标准，因地施策界定"双师型"教师资质。"双师型"教师资质认定直接决定着教师能否享受相关的待遇，在中职院校人才引进的过程中是教师普遍关注的焦点。为此职业院校应当首先根据区域经济发展情况和本校实际情况，制定能最优化推进职业教育服务产业发展并提升职业教育办学水平的人才标准认定体系。在人才标准的制定上参照基准为教育部颁发的《中等职业学校教师专业标准（试行）》，参照中职教育的办学目标、社会职能、育人需求等，从教师的思想道德素质、教学技能、科学研究能力、交流合作能力等多维度开展资质标准的制定。根据教师的年龄、学历、专业方向、服务意愿以及职业生涯规划等设定不同级别的"双师型"教师标准；根据地方财政情况和本校的师资队伍结构需求，可以适当提升或者降低"双师型"教师的认定标准，在入职前即要明确教师的理论与实践能力需求和考核评价指标，确保教师明确自己的职业定位和发展方向。二是开展"双师型"教师的职前培训和职后进阶，实现教师学历与能力的提升。客观来讲，中职院校的新进教师大多来自普通高等院校，在毕业后即开始参加工作，工作教学经验较为匮乏，甚至部分教师非师范类专业出身，完全没有教育理念和教学技巧，对如何系统开展教案的制定、教学方法、教学技巧、课堂管理和学生沟通与评价等均欠缺相关技能。因此中职院校应当制定系统规范的职前培训体系，邀请业界知名教育学者、专家、教学能手等来校开展专题培训。在培训内容上主要包括教育理念、教学

技能技巧、实践能力思维以及如何与学生开展良性互动等。对于已在岗教师，则开展针对性的职后培训计划；对教龄较短的教师，可召开教学技能专题研讨会，动员优秀教师分享相关教学经验，使其更深入地理解育人理念，掌握更多教学技巧；对于部分有提升学历需求的教师，可畅通学历提升渠道，积极协调帮助教师进行读研读博，从而进一步完善个人职业生涯发展和优化提升中职院校教师学历结构。三是深化校企合作，强化"双师型"教师的实践能力。进一步加大校企合作的广度和深度，在内容和形式上进一步提升。在大数据、人工智能背景下寻找合适的契合点，立足更好服务区域经济发展，开展校企项目合作，有针对性地进行教师和学生的科研能力与实践技能培养。联合政府、企业、科研院所等，做好科研实训基地的运行保障工作，吸纳国内外知名专家、学者、科研人员来基地指导工作，打造省内国内知名的校企合作品牌，利用企业产业一线优势，及时充分实现科研技术的转化，促进教师科研能力提升。

（四）转变社会传统观念，搭建多维社会保障体系

中职教师工作内生动力和校园因素的培育为中职教师职业素养发展提供了重要的主题框架，而社会环境的相应配合及其提供的多维保障体系是确保中职教师职业素养发展最终取得突破的重要基础。社会因素应当主要从以下几个方面发挥作用：一是确保有充分的政策保障。政策保障在整个保障体系中居于主导地位。政策的导向直接影响了职业教育的发展方向和教师的个人职业发展计划制订。因此，根据当前我国中职教育的发展现状，强烈需要政策制定部门出台系列指导文件，在中职"双师型"教师的资格认定标准、"双师型"教师的聘用程序和薪资待遇、"双师型"教师的职称评聘和考核评价以及中职教师的职后培训和

校内—校际—企业之间的合作等方面制定详细完善具备可操作性的指导文件。二是在立法层面上出台相关文件以应对不时之需。国外如日本、德国等为详细规范职业教育发展环境已经出台了系列立法文件，在法律层面上对"双师型"教师的职后培训、考核评价标准和方式等进行了规定，不但有效规范了职业教育行业，同时有助于避免出现不必要的教师与管理部门的纠纷。三是进一步强化制度保障。首先是对"双师型"教师的资格认定要秉承灵活但高质量的原则进行，根据本校需求和本地区经济发展现实情况，不必照搬认定标准的教条原则，可以适当增加或减少对"双师型"教师的约束条件，以更好促进学生的成才培育为基本原则。四是对中职教师普遍关注的薪资福利政策，要在做好调研的基础上，制定让彼此互相认可的待遇条件，不以高薪为目的，但同时也确保中职"双师型"教师不会因为薪资过低而纷纷离职。五是确保资金和平台保障。资金保障是各项保障开展的动力，没有相应资金推动一切都将是空谈。政府、教育管理部门和学校应当开源节流，加大中职教育领域的资金关注和投入，积极引导社会资金特别是相关的企业单位通过注资的方式加强企业与学校的联系合作。中职学校也可以通过与高职院校或者大学科研院所等科研实力较强的单位开展科研上的合作，通过参与科研项目的方式既能实现科研能力的提升，也能在科研资金的推动下实现资金保障。同时，后者可以在建立科研平台、人才队伍建设平台等方面给予中职学校帮助，政府部门也要在中职学校的融资平台、人才引进平台以及对外交流合作等平台上充分发挥协调促进作用。

第九章

贫困地区中职教育发展研究

第一节 发展现状

改革开放以来，我国中职教育事业取得了辉煌的成就。中职教育的发展理念也随着全球经济与教育环境的不断转换而与时俱进。每一次关于职业教育政策的发布和后续完善都体现了我国中职教育尽力实现创建与市场经济相适应的职业教育政策，进一步创建和完善中国特色社会主义现代化职业教育体系的目标。2005 年《国务院关于大力发展职业教育的决定》颁布以来，中等职业教育不仅在发展规模上呈现出区域均衡发展的重要特征，而且在促进不同地区之间高中阶段教育机会均等化、人力资源结构优化等方面发挥了积极作用。2005 年，教育部发布了《关于加快发展中等职业教育的意见》，提出了发展职业教育集团的建议，通过工学结合的人才培养模式进行集团化办学，以达到整合资源、发挥规模效益、促进校企合作、实现校企双赢的目标。这一措施有效地保证了职业教育的教学质量。这两个文件的核心均将大力发展工学结合、开展校企合作作为未来中职教育的发展导向，延续至今。《关于创新机制扎实推进农村扶贫开发工作的意见》明确提出了"大力发展现代职业教育……完善职业教育对口支援机制，鼓励东部地区职业院校

（集团）对口支援贫困地区职业院校"的要求。① 2014 年，《国务院关于加快发展现代职业教育的决定》提出了"加大对农村和贫困地区职业教育支持力度"的要求。2016 年 11 月，国务院发布了《"十三五"脱贫攻坚规划》，要求"加快推进贫困地区职业院校布局结构调整"，"加强东西部职教资源对接。鼓励东部地区职教集团和职业院校对口支援或指导贫困地区职业院校建设"②。2017 年 1 月，国务院印发《国家教育事业发展"十三五"规划》，要求"加大职业教育脱贫力度"。在这些政策的指引下，中职教育一方面为我国培养了一大批实用型技术型人才，同时，这些政策也弥补了初中至高中之间的教育空白，进一步完善了我国的职业教育体系，对新时代我国实现经济转型和促进社会发展有重要的意义，对办好人民满意的教育有重要的作用。然而在取得重要成果的同时，中职教育在近年来也面临越来越多的困境与挑战。主要表现在，一是中职教育在职业教育体系中乃至整个教育体系中的发展呈现出不均衡不充分的特点。比较明显的外在表征是中职教育的生源逐渐消弭、师资特别匮乏、教育质量逐渐下降，从而导致中职教育的规模持续性萎缩，严重影响到了中职教育的发展。中职学校与普通高中相比，2000—2009 年，全国普通高中招生数从 472.69 万人扩大到 830.34 万人，并且这一招生数在随后的 8 年中基本得到保持；而中等职业教育（包括普通中专、成人中专、职业高中和技工学校）的招生规模从 386.75 万人扩大到 873.61 万人，但到 2016 年已经急剧下降至 593.30 万人。生源下降的趋势并没有停止，相反越来越严重，在我国中西部经

---

① 国务院. 关于创新机制扎实推进农村扶贫开发工作的意见［EB/OL］. 中国政府网，2014-01-25.

② 国务院. 国务院关于印发"十三五"脱贫攻坚规划的通知［EB/OL］. 中华人民共和国国家卫生健康委员会，2016-12-03.

济欠发达地区表现得尤为明显，使得部分中职学校面临无学生可招的困境。而在专任教师合格率、生师比、生均建筑面积与仪器设备值等指标上，中职学校已经全方位被普通高中超越。二是中职教育在与普通高中教育、普通高等教育甚至是高职教育的竞争中，压力越来越大。近年来，随着我国计划生育政策的实施，家庭子女的数量基本保持在一个相对稳定的水平，而家庭对教育的重视使得学生的综合素质普遍得到提升，加上普通高中教育的招收门槛不断降低，高中教育已经渐渐与九年义务教育相接轨，大量适龄学生进入高中，从而导致中职学校无生可招。此外，当前本科生与大专生的数量持续增加，每年毕业的大量本科生与高职生在职业市场上对中职生造成了强烈的冲击与挤压，中职毕业生的职位竞争力已经越来越低。再加上国家对中等职业教育经费的投入远远低于普通高等教育与普通高中教育，中等职业教育占政府教育总投入的比重在逐年降低，而中等职业教育经费投入中政府投入的比例也较低，严重制约了中等职业教育的发展。

第二节　存在的问题

一、中等职业教育呈现出不平衡不充分发展的特征

中等职业教育近年来的发展不容乐观。国家对中职教育的经费投入不论是绝对值还是在与普通高等教育和高中教育的对比上均不占优势。中职生源量逐年减少，尤其是在中西部地区更为明显，而招收到的中职学生综合素质也远远低于普通高中生源。中职学校的师资力量匮乏、师资结构不合理，具有优秀教学与实践技能的"双师型"教师占比不足，

极大地限制了中职毕业生的教育质量。① 而硬件设施的破败与缺失更是常见，在西部贫困地区，中职学校受硬件不足的影响，已经难以开展有效的职位实训技能培养，很多技能停留在纸面教育上。再加上对校企合作理念理解不够深刻，很少有机会去到企业顶岗实习，而产教融合的理念更是无从谈起。

二、中职教育的教育地位正在受到严峻的挑战

自古以来存在着"劳心者治人，劳力者治于人"的概念，如今大多数家庭将接受教育直接等同于接受义务教育、普通高中教育、普通高等教育等，完全无视甚至是轻视职业教育，从而会直接干涉子女不得进入中职高职等院校接受职业教育。这不仅严重限制了职业教育学校的生源，同时也是对国家提出的"工匠精神"战略实施的阻碍。作为直接培养学生接受职业技能培训的中职教育，对我国人口众多的中职学生，尤其是农村劳动力进行从业技能的"工匠精神"培养，具有重要的战略意义，而这随着中职教育地位的下降面临着严重的阻滞。

三、中职教育与高职教育的衔接出现问题

《国家中长期教育改革和发展规划纲要（2010—2020 年）》中明确指出："到 2020 年，形成适应经济发展方式转变和产业结构调整要求、体现终身教育理念、中等和高等职业教育协调发展的现代职业教育体系，满足人民群众接受职业教育的需求，满足经济社会对高素质劳动者

---

① 马树超，张晨，陈嵩. 中等职业教育区域均衡发展的成绩、问题和对策［J］. 教育研究，2011，32（5）：52-57.

和技能型人才的需要。"① 这一目标明确提出了要协调发展中职教育和高职教育。然而，当前中职教育与高职教育之间的脱节现象却越来越严重。一是当前的衔接制度存在不足。如当前最为常见的中高职衔接方式是中职毕业生参加对口升学考试进入高职以及通过"5+3"等方式进入高职院校，然而参加对口中学的中职生往往更为注重语数外等专业课的知识学习，忽略了职位技能专业知识学习及实践技能培训，从而造成学生综合素质发展不均衡并越来越呈现出与普通高中生同质化的趋势，这就丢掉了中职生的职业教育特色优势。"5+3"的方式虽然在一定程度上避免了学生过分关注理论课程学习的不足，但在职业教育课程规划设置上往往比较僵硬，难以做到与时俱进、灵活变化。同时还存在着缺乏有效的绩效考评机制及权责区分不明的弊病。二是中职教育与高职教育在目标的实现上出现了差异。表现在许多中职学校，尤其是贫困地区的中职学校学生由于学校软硬件设施的先天不足，学生可以预见毕业缺乏竞争力，于是在接受中职教育时就以升学为导向而非职业为导向。在宏观上即体现在部分中职院校主动放弃学生职业职位实践技能的培训，而将提升学生高职升学率作为主要的教育目的。这显然违背了职业教育的初衷与目的。

四、中职毕业生的职业环境越来越艰难

用人单位对应聘者学历的初选要求越来越高，从而导致很多中职毕业生几乎连进行工作职位面试的机会都没有。再加上许多中职学校教育质量不佳，毕业生难以具备应有的职位竞争力，故而出现了中职毕业生

---

① 国家中长期教育改革和发展规划纲要（2010—2020 年）［EB/OL］．中国政府网，
2010-07-29.

就业难的现象，如何通过创新职业机制与路径解决这一问题至关重要和紧迫。

第三节　解决策略

一、多角度多途径促进中职教育平衡充分发展

一是明确办学定位、统筹规划管理。明确办学定位既是要求中职学校管理者认清中职学校的办学目的，随机应变地找到与自身实际情况相匹配的人才培养模式，也是要求地方教育管理部门认识并重视中职教育在职业教育体系特别是在贫困地区广大受教育程度较低的劳动力培养体系中的重要作用。党的十九大对我国新时期的教育事业给出了建设纲领和行动指南，即在今后的工作中"必须把教育事业放在优先位置，深化教育改革，加快教育现代化，办好人民满意的教育……高度重视农村义务教育，办好学前教育、特殊教育和网络教育，普及高中阶段教育，努力让每个孩子都能享有公平而有质量的教育。完善职业教育和培训体系，深化产教融合、校企合作……办好继续教育，加快建设学习型社会，大力提高国民素质"[1]。在开展贫困地区中职教育的工作时，首先应当深入学习和贯彻领悟党的十九大对于发展教育事业的论述。要明确贫困地区中职教育的治学目的，其一是将其作为我国教育体系的一个组成部分，为那些因为各种原因没有进入普通高中学习而又希望继续接受教育的学生提供知识教授与技能培训。其二是作为职业教育的重要组成部分之一，中职教育为贫困地区一些受教育程度不高的成人劳动力提供

---

[1] 习近平. 决胜全面建成小康社会 夺取新时代中国特色社会主义伟大胜利——在中国共产党第十九次全国代表大会上的报告［EB/OL］. 中国政府网，2017-10-27.

继续教育，以帮助其更好地服务于乡村振兴战略的实施或是在城镇化进程中助其找到更为合适的职位。① 其次，需要统筹教育教学的规划管理工作，协调处理中职教育教学过程中遇到的各种问题。在影响中职教育发展的众多因素中，资金因素扮演着最为关键的角色。贫困地区的中职学校往往受地方财政较为匮乏而拨款甚少的影响，向学生收费则更与当前免费中职教育的政策与趋势相违背，因此陷入无力投入资金改善软硬件设施的窘境。②

学校的管理部门一方面努力争取地方财政在职业教育上的资金倾斜，另一方面通过创新资金来源途径，通过与本地或外地相关企业进行联合培养或是定向注资培养的方式融资集资。与此同时要大刀阔斧地进行管理机制改革，去除影响中职教育发展的各种管理弊病，如许多中职学校的权责区分不明、校领导一言堂一把抓以及教育教学和后勤保障管理混乱等。只有在此基础之上才可能准确找到贫困地区中职教育的发展方向，进而完善职业教育、践行乡村振兴与教育强国的战略。

二是增加生源数量、提升生源质量。为适应新时期国家战略转型对劳动力素养提升的需求和新形势下职业教育的发展需要，自 2005 年起，国务院及教育部等陆续颁布了《教育部关于加快发展中等职业教育的意见》《国务院关于大力发展职业教育的决定》以及《关于加快发展中等职业教育的意见》等政策文件，提出了大力发展职业教育的要求。其中，集团化办学是一种工学结合的人才培养模式，旨在整合资源、发挥规模效益、促进校企合作等。在一系列政策的刺激下，中职院校的招生数量从 2005 年至 2009 年明显实现高速增长，如表 4 所示。然而受计

---

① 张祺午，房巍，郝卓君. 十八大以来农村地区、民族地区、贫困地区职业教育发展报告 [J]. 职业技术教育，2017，38（24）：60-67.

② 赵伟. 新时代职业教育主要矛盾析 [J]. 中国职业技术教育，2017（34）：49-56.

划生育政策的影响,我国适龄学生自 2009 年起明显减少,进入中职学校接受教育的学生数量更是直线下降。招生总数从 2009 年的 7117770人锐减到 2015 年的 4798174 人,降幅达 32.6%。虽然在未来相当长的一段时间里适龄入学人员的总量降低,特别是适龄入学初中毕业生人数减少,但在贫困地区仍然有拓展生源来路、增加入学人数的空间。以国家集中连片贫困区的武陵山片区为例,该地区地处我国西南,山地起伏、交通不便、少数民族众多而经济贫困。该地区许多山民及其子女受教育程度较低且不重视教育,许多子女上完初中后便外出打工,但没有接受过专业技能培训的他们只能在城市中从事技术含量最低的体力工作。因此,对这一数量较大的群体进行职业教育普及工作进而帮助他们进入中职院校接受教育是提高生源数量的重要途径之一。与此同时,还要控制好生源的质量,对于部分学习意愿极弱甚至是抵触情绪明显的学生和学风不正、性格顽劣的学生应当剔除生源的考虑范围,从而保证招收到的中职生都能接受到良好的教育。

表 4 中职学校(机构)(不含技工学校)招生情况(单位:人)

指标	类别	2005 年	2007 年	2009 年	2011 年	2013 年	2015 年
招生数	总计	5372922	6514754	7117770	6499626	5412624	4798174
	其中农林牧渔类	210063	246993	749386	854314	467279	343258
招收初中毕业生数	总计	5090379	6078414	6279411	5624185	4631934	4273824
	其中农林牧渔类	189905	229376	561274	605606	296524	222786

数据来源:《中国教育统计年鉴》(2006—2015 年)

三是增强师资实力、打造"双师型"队伍。教师是教育的核心关键,新时期中职教育的核心引导力量即是通过大力提升教师队伍质量,进而推动整个职业教育体系向前发展。党和国家一直以来重视提升教师队伍整体水平以更好地服务于国家创新战略。党的十九大报告提出要"加强师德师风建设，培养高素质教师队伍，倡导全社会尊师重教"。2017年，十九届中央全面深化改革领导小组第一次会议审议通过了《全面深化新时代教师队伍建设改革的意见》，对中国特色社会主义建设新时代加强教师队伍建设提出新命题与新要求。2020年《职业教育提质培优行动计划（2020—2023年）》提出"根据职业教育特点核定公办职业学校教职工编制。实施新一周期'全国职业院校教师素质提高计划'，校企共建'双师型'教师（含技工院校'一体化'教师，下同）培养培训基地和教师企业实践基地，落实5年一轮的教师全员培训制度。探索有条件的优质高职学校转型为职业技术师范类院校或开办职业技术师范专业，支持高水平工科院校分专业领域培养职业教育师资，构建'双师型'教师培养体系。改革职业学校专业教师晋升和评价机制，破除'五唯'倾向，将企业生产项目实践经历、业绩成果等纳入评价标准。完善职业学校自主聘任兼职教师的办法，实施现代产业导师特聘计划，设置一定比例的特聘职位，畅通行业企业高层次技术技能人才从教渠道，推动企业工程技术人员、高技能人才与职业学校教师双向流动。改革完善职业学校绩效工资政策。职业学校通过校企合作、技术服务、社会培训取得的收入，可按一定比例作为绩效工资来源。各级人力资源社会保障、财政部门要充分考虑职业学校承担培训任务情况，合理核定绩效工资总量和水平。对承担任务较重的职业学校，在原总量基础上及时核增所需绩效工资总量。专业教师可按国家规定在校企合作企业兼职取酬。到2023年，专业教师中'双师型'教师占比超过50%，遴选一批国家'万人计划'教学名师、360 个国家级教师教学创新团队"。① 当前贫困地区中职学校面临的主要问题之一是师资力量薄弱,突出表现在教师数量特别是"双师型"教师数量匮乏、教育教学方式比较单一、教师待遇较低导致难以留住少数高水平的教师以及教师重理论知识传授而缺乏职位实践技能培训等。在解决策略上要创建良好的中职教师资历制度与准入标准,② 通过打造"双师型"教师队伍以增强师资力量、提升教学水平。这就对教师的师风师德、教育理念、专业素质、实践技能提出更高的要求。优良的师风与高尚的师德,是培育学生尊师重教这一优秀品质以及树立教师自身职业崇高地位的道德基础。通过师风师德对学生进行潜移默化的感染,可逐步提升学生人文素养,从而为实现良好的师生关系及更有效地实现师生教育互联互动提供良好的感情基础。前卫创新而又易于接受的教育理念是达成教学目的、实现教育成效最大化的最有效方式。教学过程中不必拘泥于常规,更不可故步自封、因循守旧,只有在教育理念上实现突破才能真正让中职教育变得鲜活、具有生命力。扎实稳健的专业素质是保证中职教育质量的知识基础。贫困地区中职学生知识基础普遍较为薄弱,这就要求教师在教授时掌握一定的教育心理学以把握学生的学习心理,从而制定更有效更有针对性的教学方法。良好的实践技能则是当前贫困地区中职学校教师最为紧缺、最为迫切的因素。通过政府政策资金及学校资金投入与协调管理,实现双师型队伍的打造与扩大,是实现中职教育发展最关键的一环。

---

① 教育部,国家发展改革委,工业和信息化部,等. 教育部等九部门关于印发《职业教育提质培优行动计划(2020—2023 年)》的通知 [EB/OL]. 中国政府网,2020 -09-16.

② 张万朋. 对我国中等职业教育经费现状的分析及相关思考 [J]. 清华大学教育研究,2010,31(2):119-124.

四是加强与对口帮扶城市的教育联系。党的十八大以来，为尽快打赢脱贫攻坚战、实现 2020 年全民脱贫奔小康的目标，国家确立了西部贫困地区与东部发达地区结成对口帮扶城市的政策，取得了立竿见影的成效。以贵州省为例，2013 年开始实施新一轮城市对口帮扶工作以来，深圳、青岛、大连、宁波、上海、苏州、杭州、广州等 8 个城市已累计投入各类资金和物资折款 11 亿元，实施帮扶项目 1000 余个（截至 2016 年），对促进贵州脱贫和经济发展起到了强力推动作用。[①] 不过从具体的帮扶领域重点上来看，还是以基础设施的援建和经济技术合作为主，针对教育事业的帮扶，特别是职业教育的投资帮助依然远远不足。这也为之后的帮扶工作提出了新的切入点。单纯的经济输血不如赋之以经济造血功能，而大力发展教育，尤其是贫困地区紧缺的中等职业教育是提高劳动力水平、推动经济增长方式转型的最根本最有利的手段。地方政府要转变概念，引领帮扶资金向中等职业教育方向倾斜，组织管理成熟、教学理念先进、校企结合均衡的相关院校与教育机构到贫困地区交流经验并给予发展思路和办学方式上的一对一指导。同时贫困地区的中职院校也应当积极与对口帮扶城市进行教育教学交流互动，积极学习先进中职院校在开展中职教育上的经验做法，反思探索如何随机应变，结合自身地缘特征与优势找到适合本地区中职教育发展的新思路。

二、创新机制扶正导向解决中高职衔接问题

一是着力打造中高职一体化无缝衔接机制。随着我国经济结构的调整和发展方式的转变，对工作者的职业能力素质提出了更高的要求。这种变化在职业教育中的体现是越来越多的中职学生希望接受高职教育。

[①] 赵勇军. 东部 8 城市新一轮对口帮扶贵州三年投入 11 亿元［N］. 贵州日报，2016 -06-19（1）.

通过打造中高职一体化无缝衔接机制，实现中职教育与高职教育在培养职位技能、提升综合素质上的连续性与进阶型表达，是完善我国职业教育体系的重要目标与路径之一。①《关于推动现代职业教育高质量发展的意见》提出了要推进不同层次职业教育纵向融会的要求。为此，要大力提升中等职业教育的办学质量，优化布局结构，实施中等职业学校办学条件达标工程，采取合并、合作、托管、集团办学等措施，建设一批优秀的中等职业学校和优质专业。同时，注重为高等职业教育输送具有扎实技术技能基础和合格文化基础的生源，并支持有条件的中等职业学校可以根据当地经济社会发展的需要试办社区学院。同时，要推进高等职业教育提质培优，实施好"双高计划"，集中力量建设一批高水平的高等职业学校和专业。此外，还要稳步发展职业本科教育，高标准建设职业本科学校和专业，保持职业教育办学方向、培养模式和特色发展不变。同时，要一体化设计职业教育人才培养体系，推动各层次职业教育专业设置、培养目标、课程体系。为了更好地培养人才，要加强培养方案的规划，支持在培养周期长、技能要求高的专业领域实施长学制培养。同时，要鼓励应用型本科学校开展职业本科教育。在招生方面，要按照专业大致对口的原则，指导应用型本科学校和职业本科学校吸引更多中高职毕业生报考②。对于贫困地区，由于先天性的教育基础薄弱及学习环境不佳，相当大一部分中职生并不满足于接受中职教育即开始职业，有些人希望通过考试等方式提高自身学历，以便进入高职院校等，然而当前普遍实行的无论是对口升学考试还是五年制高职抑或是注册制

① 张守祥. 中等和高等职业教育衔接的制度研究［J］. 教育研究，2012，33（7）：59-64.

② 中共中央办公厅，国务院办公厅. 关于推动现代职业教育高质量发展的意见［EB/OL］. 中国政府网，2021-10-12.

入学均存在着各自的不足，因此结合贫困地区中职高职教育的现状与自身特征找到恰当的方式实现中职教育到高职教育的过渡，既有理论上的创新性也有实践上的必要性。笔者认为，针对不同地区不同层次的中职学校发展状况，可以采取"考试申请制"的中高职衔接方式，即在初试阶段对有意愿进入高职学校接受继续教育的学生进行基础知识的测试，测试科目一般固定为语文、数学、外语三选二的方式，然后再根据不同的专业采用专家审核制进行复试。初试科目的自由组合可以有效避免部分学生因为偏科而无法接受高等教育的缺陷，而复试中专家审核阶段学生可以多样化展示自身优势，比如来自武陵山片区的少数民族可以展示少数民族文化中某一传统珍贵技艺的掌握与操作，这样既可以丰富学生职业渠道，又可扩大高职学校优质生源，同时，这种方式也解决了中高职单一采用考试制度所带来的机械性缺陷。

二是树立正确的中职教育职业导向。2022 年，中共中央办公厅和国务院办公厅联合印发了《关于深化现代职业教育体系建设改革的意见》，其中明确提出要"加强'双师型'教师队伍建设。加强师德师风建设，切实提升教师的思想政治素质和职业道德水平。依托龙头企业和高水平高等学校建设一批国家级职业教育'双师型'教师培养培训基地，开发职业教育师资培养课程体系，开展定制化、个性化培养培训。实施职业学校教师学历提升行动，开展职业学校教师专业学位研究生定向培养。实施职业学校名师（名匠）名校长培养计划。设置灵活的用人机制，采取固定岗与流动岗相结合的方式，支持职业学校公开招聘行业企业业务骨干、优秀技术和管理人才任教；计划设立一批产业导师特聘岗，按规定聘请企业工程技术人员、高技能人才、管理人员、能工巧匠等，采取兼职任教、合作研究、参与项目等方式到校工作"，"拓宽学生成长成才通道。以中等职业学校为基础、高职专科为主体、职业本科为牵引，建设一批符合经济社会发展和技术技能人才培养需要的高水平职业学校和专业；探索发展综合高中，支持技工学校教育改革发展。支持优质中等职业学校与高等职业学校联合开展五年一贯制办学，开展中等职业教育与职业本科教育衔接培养。完善职教高考制度，健全'文化素质+职业技能'考试招生办法，扩大应用型本科学校在职教高考中的招生规模，招生计划由各地在国家核定的年度招生规模中统筹安排。完善本科学校招收具有工作经历的职业学校毕业生的办法。根据职业学校学生特点，完善专升本考试办法和培养方式，支持高水平本科学校参与职业教育改革，推进职普融通、协调发展"。① 当前部分中职学校，特别是贫困地区的中职学校往往存在办学导向偏离职业教育初衷的现象。表现在大力鼓动学生报考高职院校，并积极提高学生升学率，对中职学生职业能力的培育及职位实践技能的培养严重不足，从而导致了中职学校"类高中化"的弊病。这不仅仅丢失了职业教育的特色与优势，偏离了职业教育的教育理念，更是对学生综合能力特别是职业能力的严重摧残。近年来随着我国经济发展方式与产业结构的不断调整，职业教育的办学理念与导向也在与时俱进，以职业为导向的中职教育一定要得到治学方向上的保证。中职学校的领导者要认清形势，把握住新形势下教育发展的方向，提升学生职业能力与综合素质，进而更好地服务于"中国制造2025"等国家战略作为培养学生的重点，而非目光短浅，片面追求眼前利益。地方教育管理机构也应设立专门的督查小组，定期对中职院校的教育质量与职业率进行检查，发现问题及时问责，切实保证中职教育在正确的轨道上运行发展。

① 中共中央办公厅，国务院办公厅.关于深化现代职业教育体系建设改革的意见[EB/OL].中国政府网，2022-12-21.

三、弘扬工匠精神，提升毕业生就业竞争力

一是大力整治中职学校教风学风。作为学校校风的重要组成部分，教风与学风的好坏直接决定了中职学校教育质量的优劣。而贫困地区的中职学校，经济条件的不足导致校舍破败、设施陈旧、师资力量薄弱及管理僵化等种种缺陷，从而极容易导致学校教风与学风不断变差。在教风方面具体表现为教师专业能力较差、教学不认真、上课流于形式、敷衍了事、忽视学生的思想政治教育建设等；在学风方面则存在学习动力不足、缺乏职业规划甚至逃课厌学、打架赌博等恶劣行为。造成这一现象的原因，主要是社会因素影响。教师薪酬较低，无法达到心理预期导致教学动力不足，以致在教学上不思进取。而学生则年龄较小，普遍缺乏判断力与自律性，面对社会上的诱惑与学校里的不足形成的落差，不能形成正确的认知。另外，在社会上，在拜金主义思潮蔓延的背景下，教师与学生都难以不忘初心。在解决策略上，一方面，要大力进行师风师德教育，从源头上解决问题。教师要以身作则，培养自身作为教师教书育人的责任感与使命感，树立"学高为师，身正为范"的榜样典范，大力加强师德师风培训，在全校营造起尊师重教、爱岗敬业的良好氛围；针对学生要大力整治不文明行为，防止各种影响教育教学质量提高的因素滋生蔓延，树立良好的奖罚机制，对于追求上进、自强自律的优秀学子要给予物质上和荣誉上的激励，对于不思进取、吃喝玩乐甚至是拉帮结派影响他人的学生要坚决予以劝退或开除，只有在教育主体上采取能动措施才能真正将提升教育质量落到实处而不是空喊口号。另一方面，要制定量化的督查管理标准并保证其得到有效实施。标准的制定要切合实际、适合本校，从教师与学生两方面同时着手。针对教师要通过课堂教学效果及职位实训成效检验教学质量，从衣着品行、教学方式等方面检查师风师德，将教学质量和师风师德等与工作绩效和年终考核密

切挂钩，从而施加一定的压力确保规则得到有效落实；针对学生要执行严格的考勤制度与学分制度。从学生仪表姿态、文明礼仪上进行规范，对于学习态度不端正、学习效果特别差且不思进取的学生要及时予以谈话，有必要时予以警告。学校管理部门要创建常规巡查小组制度，通过不定期的检查及严格的奖惩确保各项制度得到有效贯彻执行。

二是加强师生危机感与忧患意识教育。贫困地区中职学校无论是管理人员还是师生普遍缺乏危机感与忧患意识，主要表现在：一方面，对中职教育，特别是贫困地区中职教育面临的巨大危机无动于衷，依然浑浑噩噩地敷衍度日，殊不知随着高等教育招生规模的逐步扩大及高等学校毛入学率的迅速提高，中职学校的生存空间已经日渐狭窄，部分中职学校由于招生困难、毕业生就业情况不佳已经无法继续维持下去，如不能及时改变这一思想，中职教育的萎缩与消亡将会持续扩大化。另一方面，一些中职学校的师生对中职教育的前景存在盲目乐观态度。认为当前我国奉行的各种战略转型升级及产业调整规划对中职教育是利好的，从而认为政府会对中职教育给予资金和政策上的大力支持。事实上，这种思想也是靠天吃饭、靠国家教育投资而疏于自身自强发展的一种体现。在当前可预见的一段时间内，我国教育投资的焦点应当还是在高等教育与高职教育上，对于中职教育虽然政策上予以重视，但落到实处依然需要中职学校自身更多的努力。因此，地方中职学校应当将加强师生忧患意识与生存危机感融入日常教学中去，无论是在基础知识学习还是在职业指导中都应当积极树立高度的主人翁精神，要将学校的发展前景与自身的发展前景紧密联系起来，以真正实现教育动力的提升。

三是开展中职教师的"工匠精神"培育工作。工匠精神古往今来一直存在，早期主要赋存于手工业小作坊中。随着近现代大规模工业化的发展，工匠精神呈日渐没落之势。2015 年国务院发布了《中国制造

2025》，计划通过 10 年努力实现我国从制造大国到制造强国的转变，而人才是实现制造强国目的之根本。这一系列的目标和规划需要通过培养高素质的新时代技能型人才来实现。因此，开展中职学校"工匠精神"的培育工作具有鲜明的时代意义和必要性。纵观国内外相关研究，有关职业教育和工匠精神的文献非常之多，笔者发现这些文献的聚焦点是关注职业教育的发展现状，专注于工匠精神的内涵、特征及培育机制和路径等，关注职业教育中工匠精神的培养，对于中职教育这一部分的工匠精神研究似乎关注度不够，已有的文献也大多局限于对中职学生的工匠精神的培育而忽略了中职教师这一非常重要的影响因素。然而教师可以说是教育体系中最关键的因素和主体，针对当前教育界关于工匠精神的培育普遍注重学生而轻视教师这一现状，应将工匠精神融于教师施教过程中的每一环节：将工匠精神中一丝不苟、敢于创新的精神品质应用于教学理念上，以更宽容的心态和更前沿的思想感染学生；将工匠精神中不骄不躁、精益求精的精神品质应用于教学方法上，在教学课程设计上精心规划使其更符合学生的学习进度和需求；在课堂授课与职位技能培训上保持专注和耐心，站在学生的角度想问题而不是简单灌输自己的知识与思想；将工匠精神中注重品德、追求完美的精神品质应用于教学成果中，无论中职学生选择职业或是继续深造，均尽力将其锻造成更优秀的人才。

四是因时因地制宜，创造职业新方向。目前来看中职学校的专业设置基本还是沿用十几年前的分类。主体构成依然是机械类、会计类、卫生护理类及计算机类等，在过去几十年里这样的专业设置确实为我国经济发展中紧缺的职位贡献了大量的合格劳动力，也有效地促成了职业教育的发展。然而，随着我国职业教育的快速发展，高等教育已经从以前的精英教育逐步转变为普及教育。招收规模及毕业生数量逐年创新高，其中不乏专业知识基础扎实、职位技能操作技巧熟练的毕业生，普通高中教育录取率更是达到迄今为止的最高水平，在这种高校与高中毕业生的双重挤压下，传统的专业设置所培育的毕业生已经很难再有职业竞争力，因此迫切需要转换思路、另辟蹊径，从调整专业设置着手，结合本地区特色与实际，培养出基础扎实、技能独特的人才，才能在当前形势日趋严峻的职业市场中立于不败之地。以武陵山片区为例，该地区是典型的老少边穷地区，经济相对落后，教育基础相对薄弱。常规专业设置所培育的学生除定向培养的有工作外，其他学生基本很难在城市中找到合适的工作，甚至连面试的机会都没有。然而本地区却有着璀璨丰富的少数民族传统文化与绚丽多姿的旅游文化资源，可以设置一些专业专门从事本地区旅游文化资源的历史溯源与现实推广，通过系统的学习与实践，不但能传承、保护少数民族优秀传统文化，而且对少数民族优秀传统文化起到良好的宣传与推广作用，对于贯彻落实党的十九大提出的弘扬文化自信，践行乡村振兴战略与建设生态宜居城市均具有很强的实际意义，其职业面在整个西南地区也具有很广泛的适用性。

第十章

工匠精神视域下中职教育多链融汇全过程式育人模式构建

2021 年，全国职业教育大会对开展技能型职业教育提出了新要求。在工匠精神背景下，新时代的职业教育要更加注重技能素养的提升，在全社会打造崇尚技能、学习技能的氛围。结合国家制造业结构转型的现实需求，职业教育在育人模式上承担着创新模式、与时俱进的任务。而2022 年发布的《中华人民共和国职业教育法》强调了加快发展职业教育的重要性和紧迫性。对开展职业教育教师教学素养和技能素质提供了引导性方向和指导性做法。除贯彻落实国家相关政策文件要求外，职业教育在新时代，尤其是大数据和人工智能时代的冲击下迫切需要对传统的教学培养模式进行完善革新，职业教育的功能是为国家培养合格的社会主义接班人，培养更多具备高素质复合技能的岗位劳动力，实现职业教育与产业发展相互推进，从而进一步支撑国家经济发展。从教育体系产业发展来讲，实现工匠精神背景下的中职教育人才培育过程创新是健全完善职业教育体系的重要部分，是推进技能型社会环境的关键动力，是培养高素质技能型人才的核心路径。整体上来讲，中职教育"产业—技能—专业"多链融汇实现全过程式育人模式的创新有助于实现科研—教学—生产一体化，进而实现人才培育质量的全面提升。

一、中职教育"产业—技能—专业"多链融汇全过程式育人模式创新的内涵

中职教育的"产业—技能—专业"多链融汇全过程式育人模式创新主要包括产业链、技能链、专业链之间的交互融合以及三链的整体融合。

一是产业链与技能链的融合。根据两者之间的作用方式,产业链的创新将助推技能链上的全方位提升,而技能链的升级则反过来促进产业链的进一步纵深发展。扩展来讲,经济条件较好的地区其职业教育发展水平也相应优于欠发达地区。特别是在职业院校的办学资金和人才师资队伍以及科研平台上均占有显著优势。而经济落后地区其地方财政压力较大,职业院校所获得的财政拨款经常不到位,且企业数量和效益均比较弱,导致企业资金赞助能力也不足,因此中西部经济欠发达地区中职教育必然也较为羸弱。由此中职教育的培养模式僵化传统,培养课程设置不能与时俱进,硬件设施陈旧,信息化程度偏低,严重制约着职业教育的发展。当前我国正处于产业链发展驱动技能链提升向技能链主动升级反向赋能产业链发展的重要阶段,职业教育在这一阶段起着重要的衔接作用,因此需要政、企、校多主体共同发力协同发展克服职业教育与产业发展过程中存在的痛点和难点。这也要求产业链与技能链相互融合,相关部门之间要增强合作的主动性和互补性,打破产业链与技能链连接上的堵点。

二是专业链与技能链的融合。专业链与技能链的主要融合特征体现在产教融合上。本体上为产业发展与教育体系的有机耦合。两者之间的融合主要体现在两个方面:首先,现代化数字时代背景下大数据技术的普遍应用与职业教育的深度交互影响;其次,新兴产业和未来产业的急速发展对传统制造业体系组成造成较大范围的改变,这也倒逼职业教育的人才培育专业设置和课程内容与时俱进实现及时更新完善，并进一步强化校企合作和产教融合以发挥职业教育的服务产业发展的作用。专业链与技能链的融合本质上以学校、政府、企业联合作为实施主体，通过三者之间的协调合作实现人才的培养以服务区域经济发展。三者之间彼此独立但又互相作用，通过各自目标的叠合及过程的交织优化，反映在人才培养上即为职业院校教学模式的创新。全过程式教学模式折射出产业发展的需求与技能学习的方向，直接体现出学生的就业能力与企业用工需求的深度契合，因此是实现多链融合中非常重要的一个节点。通过新时代大数据技术与人工智能辅助以及多种新媒体技术的应用，可以高效高质实现中职教育教学课程内容编制传授与技能实践培育，从而推动专业链与技能链的持续深化融会贯通。

　　三是产业链与专业链的融合。这二者之间的融合主要体现在校企合作上，体现了企业与职业学校的合作发展。从当前国内校企合作的发展情况与特点来看，国内职业教育尤其是中职教育产业链与专业链的融汇情况并不理想。大多数职业院校与企业之间的校企合作无论是合作内容还是合作方式均较为单调浅显，事实上仍处于职业教育与产业发展相互作用的初级阶段，并未充分释放职业教育与产业发展相结合的动能。当前校企合作的主要形式体现在企业为职业院校提供校外实习实践基地、学校为企业提供定向式人才培养等形式，合作深度远不能满足人才培养和产业发展需求。从专业链发展角度而言，企业有必要助力学校进行教学仪器、设备的数字化升级和多媒体教师和实验室建设，以及其他人才培养所需硬件设施的信息化升级，这不仅体现在企业为学校提供资金支持这一渠道，还可以通过提供技能实践平台建设支持、设备升级改造支持等方式，与职业院校一起打造数字化全过程式育人环境。从产业链角度来讲，通过进一步加强校企合作，职业教育育人模式的创新可以有效为企业提供大批符合需求的劳动力支持，有助于企业在用人环节上缩减职前培训的时间成本和资金成本，同时也可以更好地帮助学生实现个人职业生涯规划。因此，产业链与专业链的融合当以校企合作为抓手，通过要素的迭代组合实现全过程式教学模式创新，最终实现校企协同育人目标。

四是产业链、技能链、专业链三链融合。关于多链融合理论其实国外已有相关研究理论，这里不做赘述。本书探索以多要素融汇形式和程度来将多链融汇划分为浅层融汇、中层融汇和深层融汇三种境况。浅层融汇为多链融汇的初始阶段，也是实现多链融合必经的阶段，其主要表现特点就是产业链、技能链和专业链三者之间的耦合互动程度浅显，三者之间所催生的动能释放不足，无法有效体现职业教育与产业发展的联结优越性。诸多要素之间的组合状态也不够优化，显然不利于中职教育多链融汇贯穿于全过程育人模式的创新建设。中层融汇更多体现在多链融汇已经初有成效，但是尚未达到要素之间的完美匹配，此时产业链根据市场需求提出人才培养的主要方向和整体要求，而技能链则根据市场总体发展情况进行了一定程度的完善迭代，专业链则基于社会发展和企业用工需求对人才培养模式进行了适度的修订，但是多主体之间的资金流动、师资人才、技能评价等要素之间的互动机制尚未健全，部门之间的管理机制仍有较大的优化空间。深层融汇则整体上实现了多链要素之间的良好契合，与中层融汇相比，无论是各链之间的独立发展水平还是多链交互协同程度均实现了深层次的跨越。"产业—技能—专业"多链融汇全过程式育人培育模式的衔接更加顺滑，制约产业与职业教育之间的堵点难点基本得到解决，是职业院校与产业协同发展的理想状态。

二、工匠精神视域下中职教育"产业—技能—专业"多链融汇全过程式育人模式创新的主要思路

在中国现代化制造业结构转型的背景下，在中职教育领域开展"产业—技能—专业"多链融汇实现全过程育人模式的创新是为了更好地培育社会主义优秀接班人，为中国制造业实现高质量发展提供重要的人才支撑。从立足职业教育领域来讲，也是为了更好地探索人才培养的新模式以更好适应时代发展提出的新要求。由此，主要从满足市场发展需求、提升信息化技术水平和创新专业课程传授等环节进行论述。

一是根据市场发展提出的方向，高质量开展技能型人才培育。在中职教育开展"产业—技能—专业"多链融汇全过程式育人模式新体系探索，以进一步增强学生综合素质为载体，进一步满足市场发展所带来的人才缺口。我国劳动力市场庞大，但是具备高素质高技能的优质生产力工作者却较为稀缺，这也是职业教育的发展方向之所在，即培育质优量足的新时代岗位工作者，实现我国从劳动密集型产业社会到知识密集型产业社会的转变。首先，要稳步加大高素质复合技能型劳动力队伍的培养规模。随着我国人口生育率逐渐放缓，以及高等教育毛入学率的逐年提升，职业教育的生源质量和数量面临着较大的压力。这就要求政府层面应当做好顶层设计规划，对适龄学生开展有效职普分流行动，确保职业教育的生源质量和数量得到基本保障。在经济条件相对较好的地区要扩大已有职业院校的招生规模，并适当提供财政拨款和政策支持以维持职业院校的管理不受经济影响出现较大波动。在条件允许的情况下适量新布局与市场契合度较高的职业院校，并鼓励企业与学校之间实现深度校企合作，增强职业院校自身发展内生动力。另外，政府部门要以促进经济发展为导向，统筹协调地方政府、企业、科研院所与职业院校之间的协同关系，进一步尝试扩大在职业教育领域开展"产业—技能—

专业"多链融汇全过程式育人模式新体系探索，增强职业教育发展氛围，扭转社会和企业对职业教育毕业生的偏见，从而使职业教育培育出更多的满足市场发展需求的高素质劳动力。其次，务必确保对职业教育学生的综合素质高质量培育。这体现通过在职业教育领域开展"产业—技能—专业"多链融汇全过程式育人模式新体系探索既要在人才培育的目标和实施方案上对照产业发展需求进行完善修订，也要以人为本站在职业教育办学的宗旨上实现知识、技能、品德、人格及价值观的全面发展。职业院校要以开展"产业—技能—专业"多链融汇全过程式育人模式创新为抓手，对照我国产业发展在新时代背景下提出的新要求，在充分体现职业教育办学宗旨的前提下，不断优化专业设置和课程内容的重构，实现学生知识的学习与技能实践能力的提升。通过高素质高技能劳动力的培育促使多链之间实现深层次、广领域、多要素之间的协同发展，最终全面提升教育服务产业经济发展的能力，推动社会主义现代化建设稳步向前。

二是以提升信息化技术水平为抓手，促进中职教育育人过程的智能化升级。进入 21 世纪以来，信息化发展呈现爆炸式发展，人类拥有知识总量翻倍增量所需的时间越来越短，随着人工智能技术的逐渐普及，云计算、大数据的广泛应用，科技创新的冲击力波及社会的各行各业。数据化时代的到来不但助推教育行业实现育人理念、育人模式的革新，同时也将淘汰掉不能及时完善自身体制机制适应社会潮流发展的僵化职业教育院校，信息化和智能化已经成为未来全行业发展的主战场。在职业教育领域如何深度将信息化技术融入多链融汇育人新模式中也是一个需要认真思索的新课题。这不仅仅是在中职教育领域适用，在职业教育乃至整个教育行业都是实现体系优化的重点内容。

毫无疑问的是，在职业教育领域实现信息化技术的全面升级提质行动，对开展中职教育"产业—技能—专业"多链融汇全过程式育人模式创新探索有着重要的推动作用。退一步讲，即使并没有在职业教育领域开展多链融汇的育人模式探索，信息化和智能化也是无法逃避的职业教育发展重要举措。至于如何从具体方面进行中职教育的信息化技术升级，可从以下三点着手：首先，要求职业院校要根据国家行政部门发布的政策文件和相关统计数据，认真研读分析总结出产业发展的需求和导向，结合区域内发展实际和本校的具体情况，在兼顾学生禀赋的前提下制定出能最大化满足市场产业需求、学生综合素质培育以及就业岗位能力提升的人才培养方案。通过形成规范化体系养成人才高素质培养的"惯性力"，推进多链融汇全过程育人模式向数字化、智能化、信息化发展。其次，职业院校应当认真贯彻国家发展新质生产力的要求，认真分析本地区战略性新兴产业和未来产业的布局情况，根据本校实际情况，及时革新陈旧过时的人才培养方案和专业课程设置，深入推进多链融会贯穿全过程育人模式提升职业教育服务区域经济发展能力。最后，在职业教育育人模式的氛围营造中，要强化思政能力的培育和优秀价值观的引领作用。以工匠精神和劳模精神的培育作为教师教学和学生治学的精神指引，以提升自身、回报社会作为职业教育的办学理念，充分体现职业教育作为教育体系重要组成部分的回报社会责任属性。

三是创新专业课程传授机制，强化毕业生就业能力。就当前职业院校的教学目标一般以实现预定知识的传授为主，在较长的时间段内教学内容和课程设置均不会发生较大变化，而技能实践则更多以完成企业实习环节任务为目标，职业教育人才培养的理论学习和技能实践存在"两张皮"现象，不利于综合素质的提升。从专业课程来讲，每门课程其理论知识和技能实践的目标各不相同，如果在课程设置环节没有站在全局以互相融合的角度，则很容易导致不同课程之间无法有机配合实现人才培养总目标的实现。而职业教育领域开展"产业—技能—专业"多链融汇全过程式育人模式新体系则从产业链、技能链和专业链多个角度进行课程目标的设置和技能实践的培训。不但充分满足学生课堂知识的多元化输入，同时在课外实践环节纠正了单一校企合作实习实践环节中的不足，有效培养了学生的职业竞争力，在产业结构转型和大国智造的背景下，专业链的作用在职业教育体系所占地位将逐步提升。具体来说，通过专业链的培育，学生在掌握从业所需理论知识的基础上，增强其技能实践的形式和内容多样性，同时锻造其多元交叉的思维能力，从学习知识到学习方法的转变，有利于提高毕业生在岗位上的胜任能力。在帮助学生解决就业压力的同时也实现了受培育者职业生涯规划的完善，对职业教育的育人作用起到了充分的助推作用。因此，在职业教育领域开展"产业—技能—专业"多链融汇全过程式育人模式过程中，尤其要以培育高素质、多技能、具备复核创造思维的劳动力作为目标导向，以目标指引专业链各要素配置。基于此，进一步优化教学和实践思路。对学生来讲，职业院校将充分研究国家和区域有关职业教育发展政策，结合产业发展需求和企业用人导向，不断调整专业设置，重新组合课程内容，确保学生所接受的职业教育能最大化满足社会和产业需求，降低学生所具备能力与企业所需求能力之间的差距，从而有效提升毕业生在就业中的竞争力，也更有效完成育人的目标。对产业和企业来讲，根据市场需求，及时扩充学生规模、更新教学内容、优化技能实践、培育工匠精神，充分培养学生的职业精神和精益求精、爱岗敬业精神。通过"产业—技能—专业"多链融汇全过程式育人模式实现教学体系、实践体系与企业单位的深度合作参与，从而深化学生对产业发展的认识，提前意识到产业的需求和发展趋势，帮助企业缩减新进劳动力的岗前培训过程和资金成本。

三、工匠精神视域下中职教育"产业—技能—专业"多链融汇全过程式育人模式创新的主要路径

在国内大力发展新质生产力的产业背景下，应当充分发挥产业链、技能链和专业链彼此的优势和相互融合的优势，以实现人的全面发展和服务产业发展作为人才培养的目标，灵活推进中职教育"产业—技能—专业"多链融汇全过程式育人模式创新体系的实践，具体路径如下所述：

（一）产业链推进专业链发展：充分发挥校企合作优势

从产业链和专业链所属行业即可理解为两者之间的融合主要以校企之间的深度合作为特征。因此，将以多重融合作为校企合作的新理念，以统筹实现校企合作的内容整合，以多主体共同参与实现深度融合，从而有效提升校企合作的深度和成效，为中职教育"产业—技能—专业"多链融汇全过程式育人模式创新体系的实践打下坚实基础。

一是将多重融合意识牢牢融入校企合作理念之中。这里的多融合要素主要包含校企之间的文化融合、管理融合、师资融合等方面。首先是文化融合，根据职业教育的育人总目标，在职业院校内，职业文化的培育主要是以创造性的思维学习专业知识，以工匠精神完成实践技能的培育，以社会主义核心价值观为学生价值观的塑造标尺。在企业单位内，主要以高质量智造产品为目标，以实现市场占有率的提升为路径，以灵活多变的用人评价机制为抓手。从学校文化和企业文化的氛围差异来看，二者之间均以实现人的综合素质提升、精益求精的工作态度和追求卓越的工匠精神为共同目标和联系纽带。因此，在此基础上切实推进校园和企业之间的文化融合便具备可行性。职业院校在进行人才培养方案的制定和课程教学以及技能实践环节，均可将企业文化中对产品的高质

量追求融入其中。在校园治学的过程中就应当培养学生的危机意识和竞争意识，以商业战场上的激烈竞争鞭策学生端正治学态度，拒绝躺平意识，从而有助于育人总目标的实现。在企业文化领域，通过积极开展与校园之间的合作，引入校园朝气蓬勃的学习氛围、淳朴的同学情谊，培养企业员工学习学生不怕困难、思维活跃的精神。改变企业过于严肃的工作氛围、改善因职场竞争压力过大造成员工之间相互激烈竞争的情况。

在管理融合上，职业院校和企业之间的管理体制有着较大的差异。职业院校的管理体制由于自身所处行业的性质，竞争压力不够充分，管理机制普遍较为僵化陈旧，具体表现在行政化管理特征明显，职业院校的发展方向和人才培养内容及形式受校长等管理层的意志影响更大。职业院校的教师考核评价标准也过于僵硬过时，既不利于教师的专业化发展水平提升，更不利于学生的育人成果。而企业文化受市场环境驱动，管理体制极为灵活创新，在以 KPI 作为核心评价指标的前提下，实现了管理形式的创新和管理效能的提升。因此在管理体制的融合上，职业院校可以更多地学习借鉴优秀企业的管理机制和管理文化。可以创新部分管理方法，比如将 KPI 指标贯穿到教师教学和学生学习的环节中，将职业院校知识的产业转化能力作为衡量职业院校发展水平的新标杆。

在师资融合上，校企合作的最大特征即体现在师资的深度融合上。目前的校企合作大多体现在职业院校聘请企业师傅担任行业导师，以及学生到企业开展技能实践等，合作深度和合作形式均较为浅显。在多要素深度融合的背景下，企业和职业院校的人才交流形式应当进一步深化。在员工意识培训上，双方可共同打造员工交流平台，使职业院校教师的科研热情、治学态度与企业员工的工作素养、竞争意识相互融合，实现产业与教育行业之间的需求共享。同时进一步加大企业和院校之间的人才流动力度和宽度。通过签订合作协议支持双方员工到对方工作场所进行短期学习交流，以培训班的形式邀请国内知名专家、学者、高级经理人等开展人才专题讲座。企业和职业院校在"双师型"教师等资质认定标准上也应当实现相互协调，根据彼此需求和自身具体情况，适度转变人才资质的认定标准，以更好实现职业教育服务产业发展。在资金融合上，企业发挥自身资金优势，以直接注资、在职业院校成立企业专班和赞助院校相关仪器设备、实验室建造等方式实现资金深度融合。以此培育的优秀毕业生通过定向合作协议也可反哺企业资金投入，从而实现双方的良性合作，深化中职教育"产业—技能—专业"多链融汇全过程式育人模式创新体系。

二是通过统筹实现校企合作的内容要素整合。以产业链的需求带动专业链发展，统筹校企合作所涉及的招生、管理和就业及职后培训体系。首先，职业院校招生部门要根据产业发展基本情况进行调研，结合企业人才需求和职业院校自身情况，制定最优化招生计划指标。在生源质量上要有所保障，不能为了单纯追求招生规模的扩大而招收过量较差生源。企业加强与职业院校在招生过程中的互联互动，必要时对招生计划提出建设性意见和建议。同时也可以通过校企签订定向合作协议的方式实现招生指标的固定配比，确保企业的用工需求和培养质量得到保障。其次，要实现管理体制上的协同融合。必要时，校企双方可以成立校企合作管理监督小组，通过制定相关规章制度，对校企合作的形式和内容以及合作计划的推进情况进行监督。同时可以建立校企合作专用快捷通道，通过跳过常规烦冗审批步骤的方式实现校企合作的高质高效实行。校企合作双方建立周期性的合作情况交流会，双方负责人对合作情况进行及时沟通，快速纠正工作中存在的偏差，共同探讨交流更为完善的人才培养方式，助推职业教育服务产业发展。最后，要在宏观层面统筹建设。校企合作是产业与教育合作的典型方式，却只是其中一种合作形式，在产业链与专业链的协同发展上，需要政府等职能部门加强顶层设计，扩大统筹涉及面，以产教融合作为校企合作的抓手，以政、校、企的多方协作作为职业教育推动生产力发展的重要手段，实现职业教育的育人目标，最终为建设社会主义现代化智造强国而提供重要人才保障。

三是以多主体共同参与实现深度融合。产业链与专业链之间的融汇所涉及的主体主要为政府、企业和职业院校。在多主体联合办学育人的过程中，从各行业所承担的职能属性来讲，政府部门应充分发挥统筹协调作用。根据国家产业发展情况和职业教育发展规划，结合本地区经济发展现实，站在全局的高度，做好职业教育服务产业发展的育人顶层设计。在职业院校的教学、师资、科研和基础设施等方面出台支持性政策，废除一批陈旧冗繁的审批手续。扩大职业院校办学自主权，降低部分人才引进和校企合作间的准入标准。通过本地区财政拨款、引入区域外企业资助和拓宽职业院校社会服务等方式为职业教育提供资金支持。建立健全相关制度，搭建产学研合作交流平台，及时跟踪国内外行业最新情报，服务校企深度合作。企业是联系产业与职业教育的纽带，站在企业自身的角度来讲，应当充分扩大产能提升自身实力，吸纳更多优秀人才加入，推进产业服务社会的能力。企业不仅仅是职业院校毕业生的岗位提供者，更重要的是要深度参与到人才培育的全过程中，最大化发挥企业的社会属性，与职业院校开展深度校企合作，为职业院校科研成果提供孵化平台，通过资金、人才支持助力职业教育"产业—技能—专业"多链融汇全过程式育人模式创新体系实践。职业院校则是"产业—技能—专业"多链融汇全过程式育人模式创新体系实践的主要阵地。随着国家对职业教育发展重视程度逐渐加大，在发展新质生产力背景下，职业院校需要从管理机制、育人模式、硬件建设及科研平台等多方面一起发力，积极对接国家政策要求和产业市场发展需求，创新办学理念，联合社会多主体，办好新时代下的新职业教育。站在多链融汇的角度来看，职业院校通过与政府部门、企业单位以及其他高校、科研院所等开展协同育人，可充分调动社会主体人才培育和高素质劳动力塑造的积极性。在合作过程中也实现了管理水平的创新与行业间的深入了解，从而将产教融合与校企合作进一步深化。通过产业链与专业链的协同发展，充分保障了"产业—技能—专业"多链融汇全过程式育人模式实践的可行性。

（二）技能链反推专业链提升：全力实现育人过程信息化

电子计算机诞生以来，各行各业的信息化水平在持续提升，尤其是近年来大数据与人工智能的爆炸式发展，职业教育领域的育人与管理领域内的信息化实现质的突破。在产业结构调整的大背景下，作为对电子信息技术更为敏感的职业教育行业更应当与时俱进，利用新技术和新设备实现育人模式的信息化升级，有力推进"产业—技能—专业"多链融汇全过程式育人模式实践。

一是要实现课程教学内容的信息化升级。在新质生产力已经是当前产业市场和教育领域大势所趋的背景下，为实现职业教育的"产业—技能—专业"多链融汇全过程式育人模式实践，首先，职业院校管理层应当树立信息化的升级意识，在专业设置上增加信息化数字类专业的设置比重，在课程设置上应当革新过时陈旧的知识体系，充分调研市场需求和专业领域的发展前沿，重新制定翔实合理的课堂内容体系。在技能实践和岗位实习阶段，对技能实践的具体类别和操作方式也要进行及时的更新，对实习地点和实习方案的设计要充分考虑到跟踪前沿的需求，确保实习所获得的技能在毕业上岗后能有效运用避免无用功。教师要主动发挥教学环节中的信息化优势，在课堂育人环节即通过新设备和新技术的运用与学生一道主动适应信息化时代的到来。其次，构建信息化服务平台。通过多种渠道收集信息化数据打造大数据信息化发展研究中心，信息化服务平台的原则和服务目标是研究新时代背景下如何充分利用信息化数据技术服务职业教育的育人和产业技术的发展，职业院校的信息化升级应当充分实现与企业相关部门的协同合作，在社会和企业的资金与政策支持下，将职业院校内的信息化与社会信息化相融汇，实现产业市场的人工智能发展实时动态支持职业院校信息化升级。最后，职业院校应当在充分应用信息化的同时牢牢保持人的主观能动性不受新技术和新设备的束缚制约。不能对新技术和新设备的应用产生依赖，甚至出现离开多媒体设备就不能正常上课的情况。同时在实现信息化升级的同时要注意遵守行业基本规范，防止智能设备对部分关键信息的泄露，赋予信息化设备适度的权限，以有力支撑"产业—技能—专业"多链融汇全过程式育人模式实践。

二是要深度探索知识教学过程中的信息化升级内容和形式。信息化的重要性已经无须多言，在职业教育教学过程中如何真正实现信息化贯穿全流程是实现支撑"产业—技能—专业"多链融汇全过程式育人模式实践的关键。因此，在具体实施过程中应协调教育环节中所涉及的各行为主体联动。首先是在职业教育教学形式的数字化升级方面，职业院校可充分调研借鉴国内外新课堂授课形式的前沿，不断深化与大学和科研院所的合作，研究如何将新技术新设备以更优化的教学方式传授给学生，与企业研发部门进行积极沟通，共同实现教学新形势的需求与企业的生产相适应。特别是在新技能的操作演示上对数字技术的需求更为迫切。其次，可以以立项科研项目的形式专项开展对信息化升级促进教学能力和效果提升的研究。项目研究主体由教师、企业、科研院所和学生共同组成。从数字类专业的设置、数字类课程的内容构成、师资队伍的数字素养能力现状和培育路径以及数字技术对职业教育促进能力的多种维度进行系统研究。在宏观上，要将创新数字化升级的必要性和可行性路径纳入职业院校的发展规划中，在顶层设计上进行制度保障。在政策、资金、人才等要素组成上要提前考虑好实现信息化升级中可能遇到的各种问题和解决方案。要培育各行为主体进行数字化升级内容和形式的积极性和参与热情，这不仅是为更好实现职业教育育人目标，同时也是解决企业高素质人才需求和完成政府数字化社会转型的重要任务。在微观上，要充分运用大数据技术实现教学内容的智能重构，确保授课内容紧跟市场前沿，以云计算弥补本院校内硬件设备计算能力的不足，同时大力建造各类数字仿真实验室，实现高质、高效、绿色的科研课题和岗位技能实践。将智能虚拟数字化贯穿到"产业—技能—专业"多链融汇全过程式育人模式实践中。

三是构建育人体系数字化升级的现代化治理体系。高效高质量的现代化治理体系将有力促进职业教育信息化升级，为实现职业教育育人目标提供更充分的实践环境。首先，完善信息化升级的基础设施保障。在硬件方面，政府相关职能部门统筹协调本区域内职业院校和企业，通过财政拨款和企业资金支持，夯实职业院校的数据存储和应用基础，扩大设备链条的信息化辐射领域，实现职业院校教学设备、技能实践、科研平台等的信息化设备完善。在软件方面，职业院校可会同企业共同探索信息化实践基地和数字化课程研发中心的体系建设，更为广泛地运用数字化技术实现线上课程比重的逐渐提升，将区域外优质线上公开课引入本校课程体系中，深入推进教学模式数字化升级的治理体系构建。其次，保证信息化水平高质量提升。职业教育教学模式和技能实践模式所运用到的各种数字化设备要确保质量不受资金成本的制约，防止为压缩采购成本刻意采购低质低能数字化设备导致信息化升级水平不能得到保证，进而杜绝信息化升级过程中的资金和产品浪费现象。校企之间应当签订合作协议就信息化升级建立保障机制，实现数据传输的稳定性。最后，建立信息化安全升级保障体系。职业院校和企业在进行"产业—技能—专业"多链融汇全过程式育人模式各要素信息化升级时要充分学习国家数字化相关法律法规，防范信息化升级中所带来的技术外溢和敏感信息泄漏风险。职业院校和企业应当根据市场需求缩短信息化设备更新升级周期，加大升级频率，使信息化水平紧跟产业的发展水平。

（三）产业链需求融合技能链：通过产业需求倒逼技能实践环节创新

推动产业链的发展是职业教育开展技能实践环节的重要目的和核心路径。通过产业链的发展制造需求进而倒逼技能实践进行创新提质，可以充分保障"产业—技能—专业"多链融汇全过程式育人模式的实践，最终实现综合育人并推动生产力发展的目标。

一是要大力开展职业院校的校外实习实践基地建设。要明确校外（企业）实训基地是职业教育实现技能提升和实践"产业—技能—专业"多链融汇全过程式育人模式的关键场所，可以为企业培育高素质岗位工作人员提供重要的人才支撑。实训的主要目的除了使学生掌握专业技能所要求的操作能力之外，也将为学生提供多种接触企业工作环境和文化环境的机会，通过实习实训并在这一环节中融入"工匠精神"从业观念，可以实现学生岗位内涵素养的培育。在具体操作实践过程中，职业院校应当主动加强与企业之间的沟通联系，并对接政府相关职能部门，联合建立信息化实习实训基地，将基地平台拔高到省市级的高度，从而扩大实训基地的影响力和辐射范围。在基地建设管理体制上要灵活宽松，营造和谐竞争的实践氛围。充分将"产业—技能—专业"多链融汇全过程式育人模式应用到实训基地中，在不断完善实训基地建设的同时实现学生技能的培育和综合素养的提升。通过实训基地的建设，广泛吸纳国内外行业内优秀专家学者来基地开展讲座和指导实践等，将实训基地打造为职业教育的招牌，从而体现产学研良性融合的示范作用。

二是着力打造技能实践的评价体系。在"产业—技能—专业"多链融汇全过程式育人模式中，为实现培养成效的高质量完成，必须紧扣产业发展需求，实时动态地对教学内容和技能操作实践方法不断进行调整，在保证中职教育育人目标实现的同时，为产业发展提供契合程度最高的劳动力。在操作过程中，可按照三步走的原则进行：首先，在具体开展"产业—技能—专业"多链融汇全过程式育人模式实践之前，应先根据区域经济发展需求和本校实际情况，对传统课堂教学内容和技能实践环节内容进行完善修订，及时更新前沿知识，淘汰革新陈旧过时的课程和实践环节。以培育大力发展新质生产力背景下的新时代中国特色社会主义接班人为职业教育育人目标，以培养符合产业发展需求的高素质技能复合型劳动力为职业教育服务产业发展目标。会同政府、企业和职业院校三方主体联合制定详细合理的育人模式成效评价体系。其次，在实施"产业—技能—专业"多链融汇全过程式育人模式实践过程中，各行为主体应当紧密合作实时沟通，动态监视模式发展的动向并解决实施过程中遇到的问题。尤其是要注重学生在本模式下的学习效果和技能培育成效，及时与学生开展交流，获悉其存在的问题和建议。最后，在本模式实施效果较好的情况下，可以将其纳入学生的培育质量评价体系中，正式作为考核评价学生理论知识和专业技能掌握情况的框架。同时注重思政能力建设和价值观的培育，防范心理问题，对存在的疑难困惑及时予以解决，在不断互动调和过程中实现育人模式的逐步优化，从而有力支撑职业教育服务产业发展目标和实现人的全面发展总目标。

第十一章

农村职业教育时代内涵与践行策略

第一节　我国农村职业教育的发展历程与政策演变

我国农村职业教育在不同的时期呈现出不同的发展特征，其中既折射了当时国内外经济社会发展的政策主导因素，也反映出不同时期党和国家对农村问题以及农村职业教育问题的发展趋势的审判。

一、恢复与发展阶段（1978—1992 年）

"文化大革命"对我国教育事业，尤其是农村职业教育造成了负面影响，1978 年 4 月，邓小平同志指出"整个教育事业必须同国民经济发展的要求相适应，应该考虑各级各类学校发展的比例，特别是扩大农业中学、各种中等专业学校、技工学校的比例"，以此次谈话为起点，农村职业教育开始受到党中央思想与政策上的重视，并且在之后的工作部署中被列为教育事业优先发展的重点之一。① 通过积极筹建各种基础设施丰富办学形式，1980 年 10 月颁发了《关于中等教育结构改革的报告》，明确要求"在城乡要提倡各行各业广泛办职业（技术）学校"。

---

① 张志增. 实施乡村振兴战略与改革发展农村职业教育 ［J］. 中国职业技术教育，2017（34）：121-126.

随后陆续颁发的一系列政策如《全国农民教育座谈会纪要》《全国农村工作会议纪要》《关于迅速加强农业技术培训工作的报告》，均要求各地采取各种形式积极开设职业培训学校、职业培训讲座等，以尽快扩大我国农村职业教育水平数量上的覆盖率。① 可以看出，此时农村职业教育的重点是快速弥补此前一系列失误造成的农村职业教育荒废，工作的焦点首先从量的维度上恢复农村职业教育，从而为之后的质的提升奠定基础。1983 年，中共中央、国务院发布了《关于加强和改革农村学校教育若干问题的通知》，明确指出各地应根据本地实际情况，统筹规划管理，逐步增设一批农业高中和其他职业学校。此时，中央教育部门已经开始对农村职业教育进行综合体制改革，试图在办学模式上探索更有效、更适合农业地区经济发展服务的培育方式。1986 年 5 月，农业部门提出要进一步办好本系统举办的各类农民技术学校和培训推广中心，结合本部门的业务，采取多种形式，有计划地对乡村基层干部和广大农民进行职业技术教育和培训。山东省在探索农村职业教育办学模式上有了较早的突破，平度市率先实现基础教育、职业教育和成人教育"三教兼备"，得到了党中央与原国家教委的赞同与支持。1987 年，原国家教委在山东省平度市召开全国农村教育为当地经济建设服务经验交流现场会，将平度市"三教兼备"经验予以推广。随后又在河北阳原等县进行乡村教育综合改革试验，在全国范围进行改革试验活动。这一时期提出的"三教兼备"教育思想对后来的农村职业教育乃至整个职业教育均具有深远的意义与巨大的影响。而原国家教委与河北省政府合作创立以阳原县为代表的县级职教中心，通过县级职教中心上承接中央、省、市职业教育指导思想与工作命令，下领导与协调镇村职业教育培训

---

① 曲铁华，李楠. 改革开放以来我国乡村职业教育政策影响因素及特征研究 [J]. 河北师范大学学报（教育科学版），2014，16（1）：74-79.

机构，直接面向农民传达和阐释职业教育知识，逐渐成为后来农村职业教育改革的主要方向。1989 年 8 月，农业部、国家科委、国家教委、林业部、中国农业银行联合发布的《关于农科教结合，共同促进农村、林区人才开发与技术进步的意见（试行）》的通知（〔1989〕农（教宣）字第 27 号）指出：

> 积极推进农村以及林区各类教育的协调发展，做到三教（基础、职业技术、成人教育）统筹，相互促进。农科教各部门要统筹规划，建立职前与职后教育互相衔接，多层次、多形式、多功能的农村、林区职业技术教育体系。

《国务院关于积极实行农科教结合推动农村经济发展的通知》（国发〔1992〕11 号）指出：大力改革和发展农村教育，特别是加强职业技术教育和适用技术培训工作，培养一大批扎根于农村的科技力量，提高广大农民的素质，是科教兴农的重要环节。农村职业技术教育要始终坚持为农业和农村经济建设服务的方针，贯彻因地制宜、按需施教、灵活多样、注重实效的原则。特别是适用技术培训更要有很强的针对性，把培训农民与技术推广紧密联系起来。发展农村职业技术教育和进行实用技术培训，必须有农业、科技、教育等各部门的积极参与和密切配合。同时，县、乡政府要加强统筹规划，做到统一安排、合理布局，综合利用学校设施，发挥学校多种功能，提高办学的经济效益和社会效益。

二、探索与调整阶段（1993—1999 年）

随着我国农村生产力的不断提高和农村职业教育形式的不断多样化

发展，情况正在发生变化，传统的某一固定模式已经难以具有普适性，此时，全国各省份农村职业教育管理部门与学校纷纷探索与实践，总结出了许多有效适应当地经济教育发展实际的新模式。河北省南宫职教中心探索出了一种新的办学模式，即"上挂、横联、下辐射"。所谓"上挂、横联、下辐射"就是向上与高校科研院所等进行对接，引入科研新方法、新技术，在职教中心及所辖地区试验新品种以及新的培育方式，同时招聘科研人员对职教中心学员进行现场理论培训与实践指导，在与其他农业部门联系沟通的基础上，将新知识、新方法向下辐射到各下级职教培训单位以及农村农民当中去，从而实现科研与教学的理论与实践相结合。与这种模式相似的是湖南邵阳所创造的"十百千万工程"，"十百千万工程"是由职校、学生、专业村、乡镇农校和村农校共同组成的科教兴农辐射网，以职校为核心，将农业技术层层辐射到千家万户。这是"农科教""三教兼备"的一种具体实现形式。然而这两种模式均具有比较明显的局限性，即更加注重农村职业教育的纵向发展，实施重点倾向于通过当地的农业科研院所，将科技成果转化为规模化的农村生产，农村职业教育更多的是发挥一种纽带和中介作用，这在当时固然会起到较好的作用，然而，随着经济的发展，尤其是东西部经济不平衡和不充分发展的加重，情况正在发生变化。这种模式会忽视与其他发达地区的沟通与串联而导致农村职业教育的落后，同时也会导致农业生产技术的衰落。为了解决这种弊病，江苏省在 1999 年通过开展职业院校的南北合作进行新的尝试。"南北合作"是指苏北职业学校和苏南职业学校本着互利原则自愿结对（一对一或一对多），苏北学校以苏南学校的名义进行招生，双方学校共同培养招收的学生，苏南学校负责推荐毕业生就业。随后，山东省在 2001 年也通过允许中职学校跨地区招生的方式实现了省内东西部职业学校的联合办学。这种办学模式得到了教育部门的认可,并直接促使国务院于 2002 年颁布《国务院关于大力推进职业教育改革与发展的决定》,指出要"加强东部地区和西部地区、大中城市和农村的学校对口支援工作。东部地区和大中城市要为西部地区和农村的职业学校培养培训骨干教师,帮助改善办学条件。推动东部地区与西部地区、大中城市与农村开展合作办学"。此外,还有河北省迁安职教中心创造的"边上学、边种植或者边养殖"的模式、黑龙江省北安农垦职教中心创造的"课堂学理论、基地看示范、回家放手干"的教育培养方式。① 1997 年后,随着农业市场化的不断发展,涉农企业数量不断增多,农村企业及城镇中面向农村的企业与农村的联系越来越紧密,于是催生出了"公司+基地+农户"或者"公司+合作社+农户"的合作模式。这种合作方式是后来校企合作与产教融合的雏形,由于农村经济发展水平与农村职业教育资金投入的制约,出现依靠产业或企业办专业的现象。农村职业教育无法紧密结合本地实际需求,而对企业的产业方向的迁就往往会造成学校、企业与农户无法实现良好的互动。

三、超出与创新阶段(2000—2018 年)

进入 21 世纪以后,随着我国市场经济不断完善,经济总量不断增加,我国东部地区及沿海地区经济增速尤为明显,对中西部欠发达地区的农民具有很强的吸引作用,这直接导致农村转移劳动力大幅涌入经济发达地区。② 而如何对转移劳动力进行职业教育培训以提高其职业素养

---

① 曹晔. 我国乡村职业教育近三十年办学经验的回顾与思考 [J]. 职业技术教育, 2009, 30 (25): 60-65.

② 周化明, 袁鹏举, 曾福生. 中国农民工职业教育: 需求及其模式创新——基于制造和服务业 1141 个农民工的问卷调查 [J]. 湖南农业大学学报 (社会科学版), 2011 (6): 45-49.

和职位技能成为农村职业教育亟待关注的问题。在这种情况下，2002年国务院发布了《关于大力推进职业教育改革与发展的决定》，将农村职业教育列为职业教育的重点之一，并继续强化基础教育、职业教育和成人教育的"三教兼备"。2003 年 2 月，农业部在《关于做好 2003 年科教兴农工作的意见》中正式启动了"农村富余劳动力转移培训工程"，旨在促进转移劳动力有序平稳增加，并提高劳动力素质。2004 年 3 月，教育部印发的《农村劳动力转移培训计划》进一步明确了要"以服务为宗旨，以职业为导向，以改革创新为动力"，以加强农村转移劳动力的培训工作。2005 年 10 月，国务院根据职业教育发展的实际情况颁布了具有重要意义的《国务院关于大力发展职业教育的决定》，指出要大力开展县级职业教育中心的建设工作，并在"十一五"期间投资 100 亿元加强职业教育基础能力建设，持续改善中等职业学校的办学条件。之后中央财政逐步加大资金投入以完善农村职业教育基础设施建设，并开始设立一批集教学、科研、培训、生产于一体的农村职业教育实训基地，同时加大贫困中职生资助力度。[1] 2007 年至 2008 年期间国家农村职业教育工作重点更加倾向于对贫困地区中职教育开展资金扶持工作。特别是在 2007 年 5 月发布的《国家教育事业发展"十一五"规划纲要》中，重点强调了要"完善中等职业教育资助政策体系"，"建立中等职业教育国家助学金制度，资助所有农村学生和城市家庭困难学生接受职业教育"。而在 2008 年颁布的《中共中央关于推进农村改革发展若干重大问题的决定》中，首次提出逐步实行中职教育免费政策。党的十八大以来，我国农村经济发展环境与发展模式不断发生变化，农村劳动力持续大量减少，农村经济日渐凋敝。同时党中央提出要在

---

[1]　于伟，张力跃，李伯玲. 我国乡村职业教育发展的困境与对策 ［J］. 东北师大学报（哲学社会科学版），2006 （4）：116-122.

2020 年实现全民脱贫奔小康的历史任务。在此背景下，农村职业教育被赋予了更多的教育脱贫的意义。2010 年，党中央、国务院在《国家中长期教育改革和发展规划纲要（2010—2020 年）》《中国农村扶贫开发纲要（2011—2020 年）》等文件中即指出要发挥教育在扶贫开发中的重要作用。2015 年 11 月，习近平总书记在中央扶贫开发工作会议上强调"发展教育脱贫一批，治贫先治愚，扶贫先扶智，国家教育经费要继续向贫困地区倾斜、向基础教育倾斜、向职业教育倾斜……"乡村职业教育成为乡村扶贫工作的一项重要的民生工程。①②③④

2017 年党的十九大的召开，进一步明确了要优先发展教育职业，并再次强调了要进一步深入校企合作与产教融合，大力发展职业教育。乡村振兴战略的提出为农村职业教育的发展带来了重大的机遇和挑战。至此农村职业教育成功实现了教育目的与教育价值，在新时期将向着快速提高农村劳动力素质，培育具有习近平新时代中国特色社会主义思想的新型职业农民而转变。

四、新时代新理念阶段（2018 年至今）

2019 年，国务院提出了"优化教育结构。把发展中等职业教育作为普及高中阶段教育和建设中国特色职业教育体系的重要基础，保持高中阶段教育与职业教育比大体相当，使绝大多数城乡新增劳动力接受高中阶段教育。改善中等职业学校基本办学条件。加强省级统筹，建好办

---

①　葛道凯．习近平重要教育论述对教育改革发展的重大意义［J］．中国职业技术教育，2016（19）：5-9.
②　薛二勇，刘爱玲．习近平教育思想：中国教育改革的旗帜与方向［J］．中国教育学刊，2017（5）：9-16.
③　钟世潋．论习近平系列谈话与职业教育发展［J］．职业技术教育，2017，38（16）：8-12.
④　曹中秋．习近平教育思想研究［J］．学校党建与思想教育，2017（4）：11-13.

好一批县域职教中心，重点支持集中连片特困地区每个地（市、州、盟）原则上至少建设一所符合当地经济社会发展和技术技能人才培养需要的中等职业学校。指导各地优化中等职业学校布局结构，科学配置并做大做强职业教育资源。加大对民族地区、贫困地区和残疾人职业教育的政策、金融支持力度，落实职业教育东西协作行动计划，办好内地少数民族中职班。完善招生机制，建立中等职业学校和普通高中统一招生平台，精确服务区域发展需求。积极招收初高中毕业未升学学生、退役军人、退役运动员、下岗职工、返乡农民工等接受中等职业教育；服务乡村振兴战略，为广大农村培养以新型职业农民为主体的农村实用人才。发挥中等职业学校作用。帮助部分学业困难学生按规定在职业学校完成义务教育，并接受部分职业技能学习"。[①] 这样，农民将能够获得实用的农业知识和技能，为乡村振兴做出贡献。2020 年 9 月，教育部等九个部门联合印发了《职业教育提质培优行动计划（2020—2023年）》的通知（教职成〔2020〕7 号）。该通知要求将"发展中职教育作为普及高中阶段教育和建设中国特色现代职业教育体系的重要基础，保持高中阶段教育职普比大体相当。系统设计中职考试招生办法，使绝大多数城乡新增劳动力都能接受高中阶段教育。全面核查中职学校基本办学条件，整合'空、小、散、弱'学校，优化中职学校布局。结合实际，鼓励各地将政府投入的职业教育资源统一纳入中职学校（包括技工学校、县级职业教育中心等）调配使用，提高中职学校办学效益。支持集中连片特困地区每个地市原则上至少建好办好 1 所符合当地经济社会发展需要的中职学校。建立普通高中和中职学校合作机制，探索课程互选、学分互认、资源互通，支持有条件的普通高中举办综合高中。

---

①　国务院 . 国务院关于印发国家职业教育改革实施方案的通知 [EB/OL] . 中国政府网，2019-02-13.

加大对'三区三州'等深度贫困地区的普职融通力度，发挥职业教育促进义务教育'控辍保学'作用。到 2023 年，中职学校教学条件基本达标，遴选 1000 所左右优质中职学校和 3000 个左右优质专业、300 所左右优质技工学校和 300 个左右优质专业"①。这些措施旨在提升中等职业学校的教学质量和专业水平，为学生提供更好的职业教育资源和发展机会。2021 年，中共中央办公厅和国务院办公厅联合印发了《关于推动现代职业教育高质量发展的意见》。该文件指出，推进不同层次的职业教育纵向贯通，大力提升中等职业教育的办学质量，优化布局结构，实施中等职业学校办学条件达标工程，采取合并、合作、托管、集团办学等措施，建设一批优秀中等职业学校和优质专业，注重为高等职业教育输送具有扎实技术技能基础和合格文化基础的生源。这些措施旨在推动现代职业教育的高质量发展，为我国的经济社会发展培养更多的高素质技术人才。支持有条件的中等职业学校根据当地经济社会发展的需要试办社区学院。同时，推进高等职业教育的提质培优，实施好"双高计划"，集中力量建设一批高水平的高等职业学校和专业。稳步发展职业本科教育，高标准建设职业本科学校和专业，保持职业教育办学方向、培养模式和特色发展不变。一体化设计职业教育人才培养体系，推动各层次职业教育专业设置、培养目标、课程设置等方面的协调和整合。这些措施旨在推动我国职业教育的全面发展，为培养更多高素质的技术人才提供更好的教育资源和发展机会。围绕国家重大战略，紧密对接产业升级和技术改良趋势，优先发展先进制造、新能源、新材料、现代农业、现代信息技术、生物技术、人工智能等产业需要的一批新兴专业。同时，加快建设学前教育、护理、康养、家政等一批人才紧

---

① 教育部等九部门. 教育部等九部门关于印发《职业教育提质培优行动计划（2020—2023 年）》的通知［EB/OL］. 中国政府网，2020-09-16.

缺的专业，改造升级钢铁冶金、化工医药、建筑工程、轻纺制造等一批传统专业。淘汰供给过剩、就业率低、职业职位消失的专业，鼓励学校开设更多与市场需求相适应的专业。这些措施旨在为我国职业教育提供更加精确的人才培养，为经济社会发展提供更加有力的支撑。优化区域资源配置，推进部省共建职业教育创新发展高地，持续深入职业教育东西部协作。同时，启动实施技能型社会职业教育体系建设地方试点，为培养更多高素质的技术人才提供更好的教育资源和发展机会。支持办好面向乡村的职业教育，强化校地合作、育训结合，加快培养乡村振兴人才。同时，鼓励更多农民、返乡农民工接受职业教育，提高他们的职业竞争力和创业能力。这些措施旨在促进我国职业教育的全面发展，为实现乡村振兴和经济社会发展提供更加有力的支撑。支持行业企业开展技术技能人才培养培训，奉行毕生职业技能培训制度和在岗继续教育制度，为广大职工提供更多的学习机会和发展空间。同时，优化发展环境，为职业教育的发展提供更加良好的政策和制度保障。加强正面宣传，挖掘宣传基层和一线技术技能人才成长成才的典型事迹，弘扬工作光荣、技能宝贵、创造伟大的时代风尚。打通职业学校毕业生在职业、落户、参加招聘、职称评审、晋升等方面的通道，与普通学校毕业生享受同等待遇，为职业教育毕业生提供更加公平的职业机会和发展空间。对在职业教育工作中取得成绩的人员，给予表彰和奖励，激励更多的人投身到职业教育领域中来。这些措施旨在推动我国职业教育的全面发展，为实现经济社会发展和人民幸福生活提供更加有力的支撑。对在职业教育工作中取得成绩的单位和个人、在职业教育领域做出突出贡献的技术技能人才，按照国家有关规定予以表彰奖励，以激励更多的人投身到职业教育中来。同时，各地将符合条件的高水平技术技能人才纳入高层次人才计划，探索从优秀产业工人和农业农民中培养选拔干部机制，加大技能人才薪酬激励力度，提高技术技能人才社会地位，为职业教育的发展提供更加有力的支持。我们相信，通过这些措施的实施，将会吸引更多的优秀人才加入职业教育中来，为实现我国职业教育的全面发展贡献力量。① 2022 年，《关于深化现代职业教育体系建设改革的意见》提出了探索省域现代职业教育体系建设新模式的要求。这一模式将围绕深入实施区域协调发展战略、区域重大战略以及全面推进乡村振兴等方面展开。通过加强省域内职业教育资源整合和优化配置，推动职业教育与产业发展、职业创业、人才培养等方面的深度融合，提高职业教育的质量和水平。同时，还将加强对农村地区职业教育的支持，推动农民培养和农村产业发展相互促进，为全面推进乡村振兴战略提供有力支撑。通过这一新模式的探索和实践，我国现代职业教育体系建设将会迎来更加广阔的发展空间。国家主导推动、地方创新实施，选择有迫切需要、有条件基础和改革探索意愿的省（自治区、直辖市），创建现代职业教育体系建设部省协同推进机制，在职业学校关键能力建设、产教融合、职普融通、投入机制、制度创新、国际交流合作等方面改革突破，制定支持职业教育的金融、财政、土地、信用、职业和收入分配等激励政策的具体措施，努力营造有利于职业教育发展的制度环境和生态，推动职业教育与产业发展、职业创业、人才培养等方面的深度融合，形成一批可复制、可推广的新经验新范式。通过加强政策支持、优化管理体制、完善评价机制等方面的工作，不断提高职业教育的质量和水平，为我国经济社会发展提供更加有力的人才支撑。教育部职业教育与成人教育司就贯彻落实《关于深化现代职业教育体系建设改革的意见》所提出的重要措施是建设"双师型"教师队伍。"依托龙头企业和高水平高等学

---

① 中共中央办公厅，国务院办公厅. 中共中央办公厅 国务院办公厅《关于推动现代职业教育高质量发展的意见》［EB/OL］. 中国政府网，2021-10-12.

校建设一批国家级职业教育'双师型'教师培养培训基地。"这些基地将充分利用企业和高校的资源优势，通过实践教学、产教融合等方式，培养具备行业实践经验和教育教学能力的职业教育"双师型"教师。这些教师将成为职业教育的中坚力量，为培养高素质技能人才、推动产业发展、促进经济社会发展做出重要贡献。在这些基地的建设和运营中，将会涌现出一批优秀的职业教育师资队伍，为我国职业教育职业的发展注入新的活力和动力。推进职业教育"双师型"教师认定工作，指导各地制定省级"双师型"教师认定标准、实施办法。实施全国职业院校教师素质提高计划，通过加强教师培训、提高教师待遇、改善教育教学条件等措施，不断提高职业院校教师的素质和能力。同时，遴选一批高校，开展职业学校教师专业学位研究生定向培养。这些研究生将接受系统的职业教育理论和实践培训，具备较高的职业素养和教育教学能力，成为职业教育职业的中坚力量。在这些措施的推动下，职业院校教师队伍的素质将得到全面提升，为我国职业教育职业的发展奠定坚实基础。实施职业学校名校长名师（名匠）培育计划，采取固定岗与流动岗相结合的方式，吸引行家里手到职业学校任教。①

第二节　农村职业教育中存在的问题

一、认知偏差严重、农村职业教育概念落后

作为职业教育体系的重要组成部分之一，农村职业教育长期以来承受着社会各界的认知偏差。出于历史原因和地域差异，农村职业教育的

---

① 中共中央办公厅，国务院办公厅. 中共中央办公厅 国务院办公厅《关于深化现代职业教育体系建设改革的意见》［EB/OL］. 中国政府网，2022-12-21.

发展相对滞后，受到了一定程度的歧视和忽视。然而，随着我国经济社会的快速发展和农村产业结构的转型升级，农村职业教育的重要性日益凸显。加大对农村职业教育的支持力度，推动其与产业发展、职业创业、人才培养等方面的深度融合，提高在农村经济社会发展中的作用和地位。同时，加强对农村职业教育的宣传和推广，消除社会对农村职业教育的认知偏差，让更多人了解和认可农村职业教育的重要性和价值。其中对于地方政府，普遍更为关注能推动地方经济发展或者说对拉动GDP 有直接影响的工作，于是农村职业教育因为短时间难以看到经济方面的成效，很难得到地方政府的重视，由此地方政府的政策扶持力度也减小，地方财政对农村职业教育的直接投入与间接投入均无法得到保证，特别是对于经济状况较差的中西部地区农村县、国家集中连片特困区、少数民族地区及边远地区更是难以关注。社会上对农村职业教育的偏见，主要还是源于千百年来我国所奉行的"万般皆下品，唯有读书高"的理念。这里所指的读书，从受教育的形式与目的来看，显然并不仅限于职业教育，而是包括普通高中教育和普通高等教育为代表的普通教育。通过普通教育的学习，人们可以获得更广泛、更深入的知识和文化素养，提高自身综合素质和能力水平，为未来的发展打下坚实基础。同时，普通教育也是培养人才、推动社会进步的重要途径之一。继续加强对普通教育的投入和支持，可以提高教育质量和水平，让更多人受益于优质的教育资源。古时工匠或者匠人一般被看轻，进入现代社会，以培养技工学术和应用技术类职位技能的职业院校和技工学校依然是被看轻的对象，认为职业教育是学无所成的人或者是对社会无用之人才去接受的教育形式，这种认知显然是非常错误的。对农村职业教育办学机构来讲，也存在对农村职业教育的教育目的明显的错误认知。表现在农村职校一方面将农村职业教育向普通高中教育方向靠拢，教学方法上以应试型方式为手段，以片面提高学生升学率和深造率为目的，严重忽视了职业教育的本质，特别是对于职位实践技能的培训严重不足，顶岗实习阶段被忽视，实训基地基本无法正常开展。对于接受农村职业教育的学生，普遍以学业基础素质较差的初中生为主，这类群体通常缺乏自我监督、自律自强意识，对学习和职业缺乏系统正确的规划，对农村职业教育的认知显然也存在着明显的误会。而农村职业教育的受教育者——农民，则更多地认为农村职业教育大多是走过场，缺乏实际意义。他们认为，农村职业教育的课程设置和教学内容与实际生产和职业需求脱节，无法真正提高他们的技能水平和职业竞争力。这种认知偏差不仅影响了农民对农村职业教育的信任和支持，也制约了农村职业教育的发展和进步。因此，应加强对农村职业教育的调研和了解，深入挖掘农村产业发展和职业市场的需求，优化课程设置和教学内容，提高教学质量和实效性，让农民真正受益于农村职业教育，增强对农村职业教育的认可和支持。

二、资金投入不足、师资有待加强

长期以来，职业教育，尤其是农村职业教育面临资金投入不足的问题。由于农村地区的经济相对薄弱，教育资源相对匮乏，农村职业教育的发展受到限制。缺乏足够的资金投入，使得农村职业教育无法建设和更新现代化的教学设施，无法提供高质量的教学资源和培训师资，无法满足农民对职业技能培训的需求。

为了解决这一问题，加大对农村职业教育的资金投入力度，增加财政支持和政策倾斜。通过增加资金投入，改善农村职业教育的基础设施条件，提升教学质量和水平，培养更多适应乡村发展需求的高素质技能人才。同时，鼓励社会各界参与农村职业教育的发展，促进公私合作，共同推动农村职业教育的进步和发展。虽然党的十八大以来我国加大了对职业教育的资金投入力度，但是所增加的资金大多流入城市高职院校及中职院校，农村地区职业教育学校所得到的资金依然远远不足。特别是近年来乡村地区与城镇地区的经济增速与总量差距持续拉大，乡村劳动力向城市地区大量转移更是加重乡村经济凋零。广大乡村地区，尤其是中西部贫困地区县市的农村职业教育培训机构资金极度匮乏，非常依赖地方财政的支持。而地方财政在收入紧缩的情况下往往不能兼顾到农村职业教育，这种情况带来的直接后果就是，农村职业教育学校的校舍破败不堪，学校无力进行维修和改善。由于长期缺乏资金投入和政策支持，农村职业教育学校的基础设施建设和维护一直处于困难状态。许多学校的教学楼、宿舍、实验室等设施已经严重老化，存在安全隐患，无法满足教学和生活的基本需求。这不仅影响了学生的学习和生活质量，也制约了农村职业教育的发展和进步。加上教师工资偏低且发放不及时，部分优秀教师大量流入城市职业学校，导致农村职业教育质量出现更大的滑坡。通俗而言，职业教育的开展大多数通过实训基地的建设与维护及日常培训的方式来进行，其他职位技能实践的硬件要求，使得职业教育生均培养经费达到普通高中教育生均培养经费的 2.6 倍左右，然而事实上最近几年我国职业院校生均培养经费与普通高中近乎持平，在农村职业教育上甚至低于普通高中，这就严重限制了农村职业教育的正常开展。更加严重的是，农村职业教育财政经费投入不足的现象正在逐年加重。由于农村地区的经济相对薄弱，教育资源相对匮乏，农村职业教育的发展受到限制。缺乏足够的财政经费投入，使得农村职业教育无法建设和更新现代化的教学设施，无法提供高质量的教学资源和培训师资，无法满足农民对职业技能培训的需求。

为了解决这一问题，要加大对农村职业教育的财政经费投入力度，增加财政支持和政策倾斜。通过增加财政经费投入，改善农村职业教育的基础设施条件，提升教学质量和水平，培养更多适应乡村发展需求的高素质技能人才。同时，鼓励社会各界参与农村职业教育的发展，促进公私合作，共同推动乡村职业教育的进步和发展。另外，虽然国家一直尽力奉行中职学生免费政策，然而在部分地区农村职业教育培训依然采取收费政策并且价格不菲，这对于本身经济收入就不宽裕的农民家庭造成了很大压力。在当前国家经济持续下行，财政收入逐年紧张的情况下，如何破解这一问题是摆在我们面前的一大难题。

三、专业设置落后、管理机制僵化

随着我国产业结构的不断调整，经济增长方式也逐渐由劳动力密集型向技术资金密集型转换。随着科技的不断进步和应用，越来越多的企业开始注重技术创新和研发投入，提高产品质量和附加值，从而实现经济效益的提升。同时，政府也加大了对技术创新和研发的支持力度，鼓励企业加强自主创新，提高核心竞争力。

这种转型对于我国经济的可持续发展具有重要意义。技术资金密集型的发展方式，可以提高生产效率和产品质量，降低生产成本，促进经济的快速增长。同时，也可以推动产业结构的升级和优化，促进经济结构的合理调整和转型升级。为了实现这一目标，需要加强对技术创新和研发的投入和支持，培育更多高素质的科技人才，推动科技与经济的深度融合，为我国经济的可持续发展注入新的动力。传统的中低端制造产业正在面临着边缘化的趋势，而以中高端装备制造和智能化、科技化、未来化为代表的高附加值产业正在蓬勃发展。这就对传统的职业教育培训专业设置体系提出了新的要求。当前，随着我国经济的快速发展和产业结构的不断调整，职业教育的专业设置也需要与时俱进，适应新的产业需求和市场变化。然而，从当前我国农村职业教育学校的专业设置来看，大部分学校依然采取的是十几年前的产业需求专业设置模式，无法满足现代化产业对人才的需求。

因此，需要对职业教育培训专业设置体系进行改革和创新。一方面，需要加强对现代化产业发展趋势和市场需求的研究和分析，及时调整和优化职业教育专业设置，培养更多适应市场需求的高素质人才。另一方面，需要加强与企业和行业的合作，创建产学研用一体化的人才培养模式，提高职业教育的实践性和针对性。

通过这些措施，可以推动职业教育培训专业设置体系的创新和升级，为乡村地区提供更加优质、适用的职业教育服务，促进乡村经济的快速发展和产业结构的升级。突出代表专业以高级计算机应用、土木工程、财务会计、车床电焊等为主，从当前经济职位需求来看已经远远不能跟上时代需求。学校管理机构同样伴随着机构僵化、思路保守的弊病，但是大多数学校的管理层并没有主动寻求改变。随着党的十九大报告乡村振兴战略的提出以及建设新时期具有中国特色社会主义新美好乡村家园的历史展望，面向农村的职业教育的培养目标应该是尽力培育出绿色发展、生态宜居乡村的建设者，而不能仅仅将培养目标局限于为城市建设输送传统低附加值学员。同时党和国家已经赋予了农村职业教育浓厚的教育扶贫的角色与使命，而广大乡村地区的职业教育机构却依然没有意识到这一历史任务的转变，更缺乏具体的贯彻中央决策的实际行动。由此，农村职业教育管理层的思想需要尽快转变，针对农村职业教育的管理机制深入改革工作刻不容缓。

四、培养模式与灵活性较差、服务国家战略与政策意识不足

我国农村职业教育经过四十多年的发展，办学模式根据当时的政策

背景与经济发展出现了一系列模式，包括山东平度的"三教兼备"模式、河北阳原县的县级职教中心、河北省南宫职教中心的"上挂、横联、下辐射"模式、江苏省的南北合作城乡联合办学模式、湖南邵阳的"十百千万工程"模式、陕西省的"一网两工程"模式、黑龙江省的"公司加学校加农户"模式和后来的"依靠专业办产业、办好产业促专业"模式，推动乡村经济的发展和农民收入的提高。在"公司加学校加农户"的模式中，企业、学校和农户形成了紧密的合作关系，企业提供技术支持和市场渠道，学校提供技术培训和人才支持，农户提供土地和劳动力，共同发展乡村产业。这种模式有效地促进了乡村经济的发展和农民收入的提高。后来，黑龙江省又采用了"依靠专业办产业、办好产业促专业"模式，即通过发展特色产业来带动职业教育的发展。在这种模式下，职业教育机构依靠当地特色产业开设相关专业，培养适应市场需求的高素质人才，同时也为当地特色产业提供了人才支持和技术支持。这种模式有效地促进了当地特色产业的发展和职业教育的升级。

这些地区的成功经验可以为其他地区提供借鉴和参考，推动乡村经济的快速发展和职业教育的创新。这些模式具有鲜明的时代印记，但是在当前的产业背景下显然已经不再适合，然而在许多地区的农村职业教育办学模式上依然残留有相关的痕迹，从而导致教育模式不能适应职位需求，给学生的就业造成很大的压力。不少地区的培养方式甚至只停留在纸上谈兵的阶段，基本没有实践训练操作，对实训基地的建设与应用漠不关心，在培养计划的制定上也比较死板，多年沿用相同的标准而不能做到与时俱进，这种重理论轻实践、教材陈旧、方法落伍的乡村职业教育已经严重地挫伤了学生的学习积极性。

此外，农村职业教育对于国家战略和政策的变化敏感性不足，可以说是比较迟钝。以提高乡村经济活力和宜居水平为目标，应该加强乡村教育的建设投入，尽快实现乡村脱贫攻坚历史性决战的胜利，带领中国人民 2035 年基本实现初步现代化的宏伟目标，目前党中央、国务院已经针对乡村的工作，尤其是乡村教育的工作，作了一系列重大战略部署。党的十九大报告提出了旨在重振乡村经济活力，建设美好家园的乡村振兴战略，并重申了要把教育放在优先发展的位置，同时再次强调要加大职业教育校企合作和产教融合的力度。2011 年农业部发布了《农村实用人才和农业科技人才队伍建设中长期规划（2010—2020 年）》，明确指出要鼓励和引导农民参加农业职业技能鉴定，积极支持贫困家庭劳动力参加农业职业教育和职业技能培训。2017 年 10 月国务院印发的《国家教育事业发展"十三五"规划》中提出要"加快发展现代职业教育"，在人口集中和产业发展需要的贫困地区建好一批中等职业学校，重点支持贫困地区建好符合当地经济社会发展需要的中等职业学校。2018 年教育部印发的《教育部 2018 年工作要点》再次强调要"制定服务乡村振兴战略进一步办好农村职业教育和培训的指导意见"。这一系列政策文件表明当前乡村职业教育面临着极好的发展机遇，然而广大农村职业教育办学主体却缺乏对国家政策文件的敏感度，依然不能准确把握住历史赋予的发展职业教育、实现质的超越的大好机会。在执行相关政策上也比较滞后，难以响应国家号召，积极投身于当前的社会主义现代化建设工作。

第三节 新时代发展农村职业教育的策略探索

一、深入学习贯彻习近平总书记教育思想、牢固树立新时期社会主义农村职业教育价值观

自从党的十八大召开以后，党中央高度重视我国教育行业尤其是职业教育的发展，习近平总书记在各种场合利用座谈、谈话、书信、批示等方式发表了一系列教育学方面的论述，这些论述生动而深刻地阐明了在新形势下我国教育职业如何做、我国教育职业怎么做的重要命题。因此在具体阐明如何开展农村职业教育之前，首先应当对习近平总书记关于教育的重要论述进行梳理，从而对全民奔小康时代职业教育的纲领性前进方向有着清晰的认识和正确的了解。习近平总书记教育理念包括教育目标、教育使命、教育改良、教育公平和教育开放性等内容。通过整理不同时期不同场合习近平总书记的论述可以从宏观上把握习近平总书记教育思想的脉络、从微观上洞悉习近平总书记教育思想的内涵与践行标准。① 习近平总书记在他的教育思想系列中陈述，希望大家首先能够确定教育目的，思考为什么开展教育、教育的对象是谁。透过《中华人民共和国教育法》第五条规定，我们可以明白，习近平总书记希望教育总是能为社会主义现代化建设服务、为人民服务，而且能够同生产工作和社会实践相结合来进行祖国后代的培养，从德、智、体、美等方面出发，让社会主义建设者和接班人得到全面发展。习近平总书记反复强调阐述的观点就是正因为党和国家培养的是社会主义建设者和接班

---

① 苏国红，李卫华，吴超. 习近平"立德树人"教育思想的主要内涵及其实践要求 [J]. 思想理论教育导刊，2018（3）：39-43.

人，因此必须不断进行教学的深入改革，以此来适应教育目的的根本要求。"承担好立德树人、教书育人的神圣职责，着力培养造就中国特色社会主义事业合格建设者和接班人。"① 而践行的具体目标则是从学习和实践社会主义核心价值观出发的。社会主义核心价值观"富强，民主，文明，和谐；自由，平等，公正，法治；爱国，敬业，诚信，友善"，其实就是对未来的公民素质的回答，社会主义核心价值观让我们思考如何建设国家、建设什么样的国家才能更好地履行中国公民的义务。应当从小对孩子们开展社会主义核心价值观教育，将这一治国修身齐家的理念内化为生活与工作的内驱力。习近平总书记期盼的是民族既有文明进步，也能不断发展壮大，他希望辈辈都能辛勤拼搏，接续努力，以更多的力量来推动社会主义核心价值观，使其保持最持久最深沉的力量，不负"中国人"三个字，就应该自觉培育和践行社会主义核心价值观。② 这是习近平总书记关于教育重要论述的核心要素。从职业教育的角度来讲，当前我国经济发展方式持续转换，产业结构不断调整，作为我国未来中高端制造业提供大量职位人才的最重要的教育培训主题之一，习近平总书记对职业教育的目标也给予了明确的描述。早在2014 年12 月习近平总书记在江苏调研时就从多个角度对职业教育服务"四个全面"战略布局进行解读，强调职业教育不仅是我国教育体系的重要组成部分，也是培养高素质技术技能型人才的基础工程。此外，职业教育，尤其是农村职业教育对于决胜全面建设中国特色社会主义伟大胜利、实现全民脱贫奔小康具有重大的意义。在2015 年11 月召开的中

---

① 王磊，肖安宝. 新形势下我国教育职业改革发展的科学指南［J］. 广西社会科学，2016（3）：216-219.

② 刘春田，马运军. 习近平教育思想探析［J］. 中共南京市委党校学报，2015（5）：101-104.

央扶贫开发工作会议上，习近平总书记强调指出"发展教育脱贫一批，治贫先治愚，扶贫先扶智"，经过多年的精确扶贫工作与脱贫攻坚工作的开展，我国贫困发生率已经由 2012 年的 10.2% 降至 2019 年的 0.6%，并于 2021 年取得脱贫攻坚战全面胜利。要转换脱贫攻坚的思路与方式，如习近平总书记一再强调的，职业教育作为与经济发展联系最为紧密的教育形式应当在新时期承担更多的教育扶贫的时代使命。

习近平总书记关于教育的重要论述主要体现在把"立德树人"作为教育发展的根本任务。党的十八大报告指出，要"把立德树人作为教育的根本任务"。习近平总书记对于"培育什么人，如何培育人"这一中国特色社会主义教育事业重大命题也多次予以强调和解读，强调要坚持立德树人，将培育和践行社会主义核心价值观融入教书育人的全过程，以培养中国特色社会主义事业建设者和接班人为目标。

我国教育事业在改革开放四十年的发展中取得了巨大的成就，成为全球教育领域的佼佼者。然而，也应该认识到，要实现从"教育大国"向"教育强国"的转变，我们的教育体制还需要进一步完善。中国（海南）改革发展研究院院长迟福林指出，我国现行的教育体制存在考试型、封闭性和行政化的问题，这些问题成为制约自主创新的重要因素。因此，需要进一步深入教育体制机制改革，促进教育事业的发展。《中共中央关于制定国民经济和社会发展第十三个五年规划的建议》第一次将"提高教育质量"作为未来五年教育工作的重点任务。在教育改革的实践中，始终坚持创新驱动战略。在政策管理方面不断深入改革，特别是在人事评聘、办学机制、经费投入与运用、学术管理制度等方面，突出重点、革除弊病。在教学改革方面，坚持教师学生"两手抓，两手都要硬"的原则。对教师的教学方式、方法和教材进行全面改革，以适应培育新时代高素质人才的需求。通过不断改革校园学术风气与文化氛围，实现充分的学术自由，为思想开放与学术上的百家争鸣创造充分的条件，尽力构建具有中国特色社会主义教育职业发展的新局面。

为了实现教育公平，习近平总书记也提出要把教育公平作为教育思想的一项重要内容。实质上是社会公平的体现和内涵之一，人无法决定自己的出身、性别、家庭和天赋等先天性的资质，但是接受公平的教育从而获得公平的追求个人美好梦想的权利应当受到坚决的捍卫。当前我国教育资源分布相当不均衡，东西部地区教育发展水平有极大的差距，软硬件设施上也存在很大的差距。为了更快更好地消除社会不公平、实现全国 14 亿人共同享受现代化美好生活的愿望，习近平总书记站在战略高度，提出要维护社会公平正义，并且作出强调，希望能保证每个公民都可以在教育中受到公平公正的对待，确保国家教育资源实现不同区域间的互帮互助，早日弥补教育短板，推动我国教育职业更快更稳向前发展。早在第十二届全国人大第一次会议闭幕式上，习近平总书记就做出承诺，要"随时随刻倾听人民呼声、回应人民期待，保证人民平等参与、平等发展权利，维护社会公平正义，在学有所教、老有所得、病有所医、老有所养、住有所居上持续取得新进展，不断实现好、维护好、发展好最广大人民根本利益"，使发展成果更多更公平惠及全体人民，在经济社会不断发展的基础上，朝着共同富裕方向稳步前进。2017年 9 月 8 日习近平总书记强调要"始终把教育摆在优先发展的战略位置，不断扩大投入，努力发展全民教育、终身教育，建设学习型社会，努力让每个孩子享有受教育的机会，努力让 13 亿人民享有更好更公平的教育，获得发展自身、奉献社会、造福人民的能力"。习近平在 2017年新年贺词中曾指出，部分群众在就业、子女教育、就医、住房等方面还面临一些困难，不断解决好这些问题是党和政府义不容辞的责任。

2014 年 9 月，习近平总书记到北京师范大学考察座谈时强调："目前，教育短板在西部地区、农村地区、老少边穷岛地区，尤其要加大扶持力度。"2015 年 2 月 14 日，习近平总书记来到陕西延安市杨家岭福州希望小学，看望教职工。习近平总书记强调，教育很重要，革命老区、贫困地区抓发展在根上还是要把教育抓好，不要让孩子输在起跑线上。2014 年习近平在纪念孔子诞辰 2565 周年国际学术研讨会暨国际儒学联合会第五届会员大会开幕会上指出："人类已经有了几千年的文明史，任何一个国家、一个民族都是在承先启后、继往开来中走到今天的，世界是在人类各种文明交流交融中成为今天这个样子的。推进人类各种文明交流交融、互学互鉴，是让世界变得更加美丽、各国人民生活得更加美好的必由之路。"可以看出，教育公平是习近平总书记关于教育重要论述的关键之一，离开教育谈发展、离开公平谈和谐均是水中捞月、纸上谈兵。坚持社会公平及教育公平，是促使人人共享人生出彩机会、全面建成小康社会，体现我国社会主义特色制度优越性的重要保障。

教育开放是更好满足人民群众多元化、高质量教育需求，更好服务经济社会发展全局的重要条件，也是促进人文交流、增强国家软实力和影响力的迫切要求。邓小平同志 1983 年就提出了"教育要面向现代化、面向世界、面向未来"的战略思想。2013 年 9 月，习近平总书记郑重声明："中国将加强同世界各国的教育交流，扩大教育对外开放，积极支持发展中国家教育事业发展，同各国人民一道努力，推动人类迈向更加美好的明天。"对于教育开放的践行方式，首先，重视并且大力加强国外孔子学院的影响力与文化交流作用。2014 年 9 月，习近平总书记在国际儒学联合会第五届会员大会上指出："世界是在人类各种文明交流交融中成为今天这个样子的。推进人类各种文明交流交融、互学互鉴，是让世界变得更加美丽、各国人民生活得更加美好的必由之路。"

其次，要注意发挥留学人员在交流中的纽带作用。在贺喜欧美同学会成立 100 周年大会上，习近平总书记强调，"希望广大留学人员继承和发扬留学报国的光荣传统，做爱国主义的坚守者和传播者"，"当好促进中外友好交流的民间大使"，"讲述好中国故事，传播好中国声音，让世界对中国多一分理解、多一分支持"。当今社会，和平共处向前发展是全人类的共同愿望，人与人之间的隔膜很大程度上在于缺乏交流沟通和文化碰撞。习近平总书记关于教育重要论述中，对外开放部分就是其中的一项重要内容，是对新时期我国教育发展定位与方向的深谋远虑，是站在充分了解国内外发展变化的基础上构建出的适应未来教育发展趋势的新思维新格调。通过全面深入教育改革开放政策，逐步开放国内教育市场以吸引国际先进教育理念和人才的交流互访，将为我国职业教育的发展提供更加重要的推力，为教育现代化乃至国家经济文化发展提供重要的人才基础。

党的十八大以来，在以习近平同志为核心的党中央坚强领导下，我国经济发展和教育事业站在了一个新的历史方位上。通过经济建设与文化建设的兼备推进，统筹推进经济建设、政治建设、文化建设、社会建设和生态文明建设"五位一体"总体布局，协调推进全面建设社会主义现代化国家、全面深化改革、全面依法治国、全面从严治党"四个全面"战略布局，我国已经全面建成小康社会，要想跨越"中等收入陷阱"，加快实现从教育大国到教育强国的转变，需要上下一心、真抓实干，把学习习近平总书记关于教育工作的重要谈话精神贯穿始终。将其应用到农村职业教育发展中，培育更多复合型高素质新型职业农民和城镇中高端技能从业人员，从而更快更好地促进我国经济转型发展，实现乡村振兴战略及中华民族伟大复兴的中国梦。

二、加大宣传力度、转变治学理念

我国是农业大国，"三农"问题始终是党和国家工作的重点。尽管近几年城镇化的大规模发展已经使农民数量大量减少，但乡村地区依然占据将近一半的全国人口。对这一复杂群体的农村职业教育理念进行与时俱进的培训及时代重要性的阐述有至关重要的价值。从政府层面上讲，建议中央与地方各级政府加大在乡村地区的职业教育价值宣传力度。人对事物的认知出现偏差甚至是误会，往往是因为不了解。农村职业教育尽管在乡村地区已经开展多年，然而对大多数农民来讲，其与普通的基础教育和高等教育并无差别，依然认为农村职业教育不切实际。农村职业教育设置的专业大多与农业相关程度不大，如电子信息、财会等专业的毕业生基本并不具备农业生产所需要的基本知识，因此农村职业教育在某种程度上是被农民所轻视的，"上不及大学，下不懂生产"。针对这一点，政府部门应当注意加大新时期乡村职业教育的重要性与必要性的宣传力度。我国经济一直在转型，乡村经济的产业结构和生产方式也一直在进行调整。不接受乡村职业教育，不懂得掌握先进的乡村生产经营理念，就不能在未来的农业市场保持良好的竞争力。我国尽力于在 21 世纪上半叶实现社会主义初步现代化的奋斗目标，没有现代化的乡村，没有现代化的农业，没有现代化的农民，是不可能完成的。从学校层面上来讲，广大乡村职业教育学校应当全面贯彻落实习近平总书记职业教育思想，不但要彻底摒弃陈旧迂腐的办学理念，更要拒绝不担当不作为，因为偷懒怕担责任而拒绝对落后体制机制进行改革的心理。农村职业教育的发展重点和改革主体是学校，广大农村职业教育院校应当进一步强化基层党建工作，组建一支作风严谨、锐意进取的领导团队，继续贯彻产教融合、校企合作的职业教育理念，加大与兄弟院校的横向学术教学交流，密切与社会各界的经济合作，特别是与企业界的合作。通过党政齐抓共管，加强全社会对农村职业教育的关注与支持，从而为农村职业教育的发展提供更好的发展环境。就学生层面来讲，一是应当重点帮助其树立正确的人生观和价值观，特别是将社会主义核心价值观深深根植于学生心中。要鼓励其确立"三百六十行，行行出状元"的进取思想，个人的成功并不仅仅取决于学历的高低。二是要因人施策，帮助学生制定符合个人实际的学习计划和职业发展规划。三是要培养学生学以致用、理论联系实际的治学习惯。加强对学生的实践技能考核，加大其占毕业总学分的分量。加强工匠精神培养，使其树立良好的职业技能操守。同时加大思想政治教育力度，牢牢树立新时期职业教育的时代使命感和责任感，以更饱满的工作热情和更勤勉的工作态度服务于社会主义乡村现代化工作。

三、加大经费投入力度、加强教师队伍建设

改革开放至今40年来的办学经验表明，职业教育，特别是农村职业教育与经费的投入程度密切相关。经济发达地区的农村职业教育由于地方财政资金支持力度较大，无论是在师资力量组成还是在师生经费上均得到了强有力的保障。反观贫困地区的乡村职业学校，无论软硬件条件均远远落后于发达地区，从而导致教育质量大幅度落后。进入21世纪以来，为了保证职业教育经费的稳定投入，党中央、国务院等出台了一系列政策性文件。"十一五"期间，中央财政投入职业教育的资金达到100亿元。党的十九大以来，党中央、国务院及教育部等更是重拳出击，接踵出台了覆盖面广、经费力度大的资金投入体系保障政策。在《中共中央、国务院关于全面深化新时代教师队伍建设改革的意见》中，重点提出要"强化经费保障。各级政府要将教师队伍建设作为教

育投入重点予以优先保障，完善支出保障机制，确保党和国家关于教师队伍建设重大决策部署落实到位。优化经费投入结构，优先支持教师队伍建设最薄弱、最紧迫的领域，重点用于按规定提高教师待遇保障、提升专业素质能力"①。《国家教育事业发展"十三五"规划》和《教育部 2018 年工作要点》均明确指出，要"全面加强教育经费投入使用管理"，"督促落实各级政府教育支出责任，确保一般公共预算教育支出只增不减，确保按在校学生人数平均的一般公共预算教育支出只增不减，保证国家财政性教育经费支出占国内生产总值的比例一般不低于4%"②③，确保教育经费投入和使用情况有新的改善。广大农村职业教育管理部门，尤其是各市县级职业教育管理部门要切实贯彻落实中央财政对乡村职业教育的各项资金支持政策。确保所有相关经费投入真正落在乡村职业学校，真正惠及广大师生。同时各地方政府部门要大力促成企业单位与农村职业学校达成校企合作，通过引入社会资金，既形成学校与企业定向合作的良好互动，又解决乡村职业学校经费投入完全依赖于政府财政支撑的被动局面。各乡村职业学校要制定科学可行的经费管理机制，一方面将经费用于校园基础设施改造及实训基地建设等硬件质量的提升，另一方面将经费用于提升教师薪资水平，同时不断提高职业学校生均财政拨款的基础数额。

在加强教师队伍建设上，认真贯彻落实国家"十三五"教育发展规划，首先要加强师德师风建设。师德师风直接影响着乡村职业教育的

---

① 中共中央，国务院．中共中央 国务院关于全面深化新时代教师队伍建设改革的意见[EB/OL]．中国政府网，2018-01-31．

② 国务院．国务院关于印发国家教育事业发展"十三五"规划的通知[EB/OL]．中国政府网，2017-01-10．

③ 教育部．教育部关于印发《教育部 2018 年工作要点》的通知[EB/OL]．中华人民共和国教育部政府门户网站，2018-01-31．

教学质量，要全面加强教师队伍思想政治建设，将树立良好的师风、学风作为教师开展教学工作的前提任务。同时，通过优化编制配置、提高教师待遇等措施，吸引农村职业教育中的一流人才投入教学。从思想上提高觉悟，在行动上主动自觉。创建与年终绩效考核挂钩的师德师风考核评价指标体系，促使教师认真履行职责。其次要提高教师准入资历。当前农村职业教育学校教师普遍资质较差，专业能力特别是理论与实践的结合能力已经难以适应新时代的要求，在工作中也容易出现散漫懒惰的心态。对于这种情况，既要对其进行危机意识培养，建立"优胜劣汰"的教师留任机制，又要提高新进教师准入资历。新进教师要取得职业教育学校教师准入资历，最好是引入"双师型"教师，以及从企业和研究机构聘请具有丰富实践经验的工程师等。同时通过优化编制配置、提高教师待遇来吸引一流人才投入农村职业教育。通过与地方科研院所及高等师范院校的交流学习，提高教师执教能力和科研能力。另外农村职业教育学校要采取定政策下文件的方式，避免片面强调教师搞科研发论文而荒废教学的现象出现，改革农村职业教师职称评价标准，使其有更多的精力投入真正提高学生培育质量上来。

四、精确调节培养模式、紧密服务国家战略

纵观四十年来农村职业教育培养模式的发展历程与形态转变，可以看出不同时期的培养模式均与当时政策导向以及国家经济产业结构的不断变化密切协调与适应。当前，中国经济正着力于完成从制造业大国到制造业强国的转型。《中国教育现代化2035》明确提出，要"发展中国特色世界先进水平的优质教育。全面落实立德树人根本任务，广泛开展理想信念教育，厚植爱国主义情怀，加强品德修养，增长知识见识，培养奋斗精神，不断提高学生思想水平、政治觉悟、道德品质、文化素养。增强综合素质，树立健康第一的教育理念，全面强化学校体育工作，全面加强和改进学校美育，弘扬劳动精神，强化实践动手能力、合作能力、创新能力的培养。完善教育质量标准体系，制定覆盖全学段、体现世界先进水平、符合不同层次类型教育特点的教育质量标准，明确学生发展核心素养要求。完善学前教育保教质量标准。建立健全中小学各学科学业质量标准和体质健康标准。健全职业教育人才培养质量标准，制定紧跟时代发展的多样化高等教育人才培养质量标准。建立以师资配备、生均拨款、教学设施设备等资源要素为核心的标准体系和办学条件标准动态调整机制。加强课程教材体系建设，科学规划大中小学课程，分类制定课程标准，充分利用现代信息技术，丰富并创新课程形式进行。健全国家教材制度，统筹为主、统分结合、分类指导，增强教材的思想性、科学性、民族性、时代性、系统性，完善教材编写、修订、审查、选用、退出机制。创新人才培养方式，推行启发式、探究式、参与式、合作式等教学方式以及走班制、选课制等教学组织模式，培养学生创新精神与实践能力。大力推进校园文化建设。重视家庭教育和社会教育。构建教育质量评估监测机制，建立更加科学公正的考试评价制度，建立全过程、全方位人才培养质量反馈监控体系"。① 农村职业教育办学机构首先应当认清形势，找准定位，分析当前所处的地缘特征与优劣势。特别是要注意摒弃以往固守的培养模式，敢于创新、勇于改革。要结合本地区本学校的区域优势，把握好自身特色，将其与职业教育培训有机结合起来。如贵州省是一个多民族的地区，有着优质的旅游资源和灿烂的少数民族文化，该地区的农村职业教育培养模式就应当站在努力将乡村旅游与少数民族文化继承和发扬的角度来进行，通过

① 中共中央，国务院 . 中共中央 国务院印发《中国教育现代化 2035》［EB/OL］. 中国政府网，2019-02-23.

"乡村旅游+职业教育""少数民族传统文化+职业教育"以及"茶文化+乡村职业教育"等的方式培育出一批具有地缘优势的复合型人才。不但能较好地发挥特长、增强毕业生职业竞争力，还能将传统资源传承与发扬光大，同时可以较好地贯彻乡村振兴战略。《中共中央 国务院关于实施乡村振兴战略的意见》中明确指出，要从"提升农业发展质量，培育乡村发展新动能""推进乡村绿色发展，打造人与自然和谐共生发展新格局""打好精确脱贫攻坚战"等方面下手，着力推进乡村绿色发展。从增强贫困群众获得感及"汇聚全社会力量，强化乡村振兴人才支撑"等方面对乡村振兴战略的具体实施进行部署，① 显然大力发展农村职业教育可以对这些施策方针提供强大的推动力。农村职业教育学校应当对党和国家的施政纲领与政策方针保持高度的关注度与学习力，避免两耳不闻窗外事、闭门造车的毛病。只有站在党和国家的政策导向上发展，站在经济市场的需求上发展，站在农民群体的个人期冀上发展，才能真正得到政府与群众的高度认可和大力支持。农村职业教育才能真正地在新时期实现跨越式大发展。

---

① 中共中央，国务院.中共中央 国务院关于实施乡村振兴战略的意见［EB/OL］.中国政府网，2018-02-04.

第十二章

农村地区中职教育赋能产业经济发展研究

一、职业教育支撑区域产业发展的底层逻辑

职业教育与产业经济的联系紧密基础在于职业教育主要从人才输出、能力提升和技术支持等方面为区域产业发展提供保障。

（一）职业教育通过人才输出推动区域产业发展分析

一是从职业院校的办学资本来讲，职业院校无论是高职院校还是中职院校，基本都是由省市县各级教育管理部门具体负责，很多院校还有区域内企业共同参与管理。职业教育的资金来源很大程度上由地方财政和企业共同承担，因此，大力发展职业教育服务区域经济建设，是其义不容辞的反哺社会经济发展的责任和义务。尤其是在当前，国内经济持续下行，中西部经济欠发达地区地方财政和企事业单位资金压力较大，职业教育更有必要深入校企—校地合作，大力推进人才培育和产教融合工作，为企业用工纾困和缓解经济下行压力贡献应有的力量。

二是从服务地方经济产业发展角度来讲，经济始终是带动国内各产业向前发展的根本动力。国家长期以来始终坚持大力发展教育事业优先的地位，从本质上讲也是通过教育提供高素质和高学历人才队伍，通过科技创新推动产业发展。国家经济由各区域经济组合而成，区域经济发展则是地区内行政、教育、企业及社会各界共同发力合力推进的结果。

区域经济的好坏直接决定了本地区财政的发展水平，从而进一步影响各行业的财政、就业等方面，再往下就牵扯到了劳动力就业问题乃至民生保障和社会治安问题。因此，推动区域经济发展的重要性显而易见并且也长期作为首要工作来抓。从目前企业单位和职业院校的协同发展情况来看，人力资源的供给已经成为校企合作的核心特征。职业院校结合企业单位用工需求，培育具备专业基础知识和实践操作技能的复合型人才，致力于缩短企业单位用工再培育时间与资金成本。职业教育在推动区域经济发展的同时，从另一个方面来讲，也受地方经济发展水平影响较大。我国职业教育水平与地方经济发展水平基本保持一致。东南沿海地区职业教育的人才培养、资金保障、校企合作等各方面均显著优于中西部经济欠发达地区。且职业教育与产业发展的相关度也是随着经济发展程度的提升越发明显。在西部，以贵州、云南等省份为例，很多市县职业教育与产业经济协同互相推动作用微弱，必须在中央财政转移支付和省财政定向支持下才能勉强发展下去。

三是从人才培育的根本逻辑上来讲，职业教育作为教育系统的重要组成体系，通过贯彻各项政策，根本目标均为培养社会主义的合格接班人。与普通教育的最大区别也是在办学特色和办学机制上有所差异。职业院校的优势在于理念上的产教融合、产学研紧密联系，通过校企合作，结合市场需求稳定输出一大批具备高技能、多专业知识的岗位劳动力。从职业院校的发展特征来看，职业院校坐落于地方，受地方管理，专任教师的招聘大多源于本区域，毕业生的工作地点也较多服务于本区域企业单位，这一系列校地之间的紧密结合有力强化了职业教育的区域属性。因此，办好本区域内职业教育与企业单位的协同发展，是新时代背景下产业发展的必然选择，也是办好职业教育的必经之路。

四是国家层面产业发展的人才需求。改革开放以来，特别是进入

21 世纪 20 多年来，我国经济发展突飞猛进，在产业发展成果上取得了举世瞩目的成就，目前已经成为世界上少有的具备完整工业门类的国家，这包括了 41 个工业大类和 666 个工业小类。近年来，随着全球经济发展形势的转变，我国经济发展持续承压，经济增速有所放缓。国家根据新征程上面临的新困难，果断提出了要大力发展新质生产力的重要决策。通过科技创新和人才创新，革新产业发展组成要素，为跨越中等收入国家陷阱，实现产业结构调整而努力。可以注意到的是，目前我国东南经济发达地区的部分产业已经在向中西部经济腹地进行转移，一方面是由于中西部地区用工成本较低，另一个原因是广大中西部地区职业教育领域培育出的庞大人才市场对用人单位的需求。

五是就业市场的新趋向。随着我国人口生育率的持续走低、高等教育入学率持续增加以及职普分流计划的实施，职业教育本科化办学的稳步推进，职业教育毕业生质量已经逐步提升，渐渐扭转了社会和企业用工单位对于职业院校毕业生素质的偏见和担忧。事实上，无论是在东部发达地区还是在中西部欠发达地区，从当前国内就业情况来看，以职业教育培育出的毕业生就业率和就业灵活性要远远优于普通教育毕业生。特别是在工程基建、医疗卫生、电子器件、加工行业等领域优势更为明显。已经从之前的"企业选人"变成了现在的"人选企业"。大城市的住房压力及生活、医疗、教育成本居高不下倒逼就业人员逃离，而随着全国交通一体化进程的完善，各地区物流的便捷程度逐渐提升，更重要的是薪资待遇水平的差异也逐渐缩小，这就使一大批不愿远离家乡外出务工的劳动力选择服务本区域企业。这也在一定程度上促进了职业教育与区域经济协同发展。

（二）职业教育通过对企业职工能力提升培育推动区域产业发展分析

企业经济发展管理层的决策是方向，企业员工的综合素质则是发展的核心基础。从企业员工技术能力的提升需求来讲，随着第四次工业革命的到来，全球产业经济的发展趋势均转向智能化。以大数据、云计算、人工智能等为代表的新兴产业及新能源、空间探测、新医疗等为代表的未来产业开始占据重要地位。数字经济的发展，迫使全行业都要进行设备和人员素质的信息化升级。特别是企业内新产品、新技术、新生产线的升级迭代更是亟须一大批高素质人才队伍进行适配支撑。而职业院校同样也要在学生的培养理念、培养目标、课程设置、技能实践等各环节进行与时俱进的重构，从而与企业实现有机耦合。此外，随着新一代岗位从业人员择业观念的改变，离职率和跳槽频频发生，这为企业持续稳定发展造成了不小的困扰。将一名新入职的员工培养成一个熟练的岗位从业人员不可避免地要耗费不少企业的资金、时间和精力。员工的随性离职很可能导致生产效率的降低和服务能力的削弱。通过与职业院校合作，由职业院校实现企业用工人员的能力提升培训，将会大大削减企业用工成本。事实上，目前不少企业已经通过现代学徒制开设企业订单式人才培养专班，将企业文化和用工需求与职业院校办学相结合，逐渐成为职业教育的发展新方向。

（三）职业教育通过为区域内产业提供技术支持服务产业发展分析

一方面，随着信息化程度不断加速，人工智能背景下的各行各业竞争越发激烈，特别是企业间的竞争更趋白热化。主要体现在对新产业和新技术的要求逐渐苛刻，对高素质人才的竞争不断加剧，对研发周期的缩短越发迫切。这些新因素使得经济基础不够雄厚的中小微企业负担沉重，发展压力巨大。主要原因在于中小微企业规模有限，研发能力薄弱，无法在繁重的经营压力之下安心投入新产品、新技术的研发中去。而职业院校则与之相互补，职业院校特别是规模大、科研能力强的高职院校，有着较为丰富的技术储备和产品研发能力，可以根据企业需求定制服务方案，从而实现院校科研能力的产品转化，也解决区域内中小企业的技术支持需求。可以说随着人工智能时代的到来，职业院校既是企业人才支撑的培育基地，也是产品研发的孵化场所，职业教育与产业发展的关系越来越深刻地体现在科研与生产的紧密结合上来。另一方面，随着我国"中国制造2025"的提出，国内产业发展逐渐由劳动密集型向知识密集型方向转变。国内企业已经不满足于世界工厂初级加工基地的地位，而是要占领世界高端产业的领地，这对企业的员工素质、技术储备等提出了更高的要求。而职业院校通过校企合作，围绕区域核心支柱产业，不断培养大批优秀的劳动力，同时在技术研发上可以有力支撑企业需求，实现新发展理念下的深度校企合作。

二、农村中职教育推进乡村经济发展存在的困难

党和国家一直重视农村问题并将乡村振兴战略作为新时代农村经济发展的重要实施方略。农村中职教育作为培育具备农村产业发展技能人才的重要平台，却存在着以下困难：

（一）制度保障不够完善、体系有待健全

农村中职教育是职业教育体系的重要组成部分，它充分体现着职业教育"知识培育+技能实践"的培养特色。不过由于农村产业的特殊性，常规的教育制度逐渐无法满足农村中职教育的新发展需求，当前尚未有精准的规章制度对农村中职教育发展进行指导。农村中职教育受政府教育管理部门的影响程度更深，政府政策主管部门应当根据国家对农村产业发展理念的调整及时制定相关指导文件和政策，以便农村中职学校根据政策开展工作。目前，农村中职学校的制度并没有充分彰显出农

村中职教育的特殊性和特色，如果不能及时适配国家对于农村产业的重要部署，则会较大程度影响农村中职教育在助推农村产业发展的作用。虽然在顶层设计上国家先后出台了《国务院办公厅关于深化产教融合的若干意见》《国家职业教育改革实施方案》，但均立足宏观进行布局，缺乏精细化指导和可操作性流程规范。值得注意的是，虽然农村中职教育对于农村产业发展非常重要，但是农村中职教育的发展保障也难以得到保证。无论是财政、地位、人才支持、技术研发等均较为薄弱，体现了地方行政部门对于农村开展中职教育的重视程度不够。我国城镇职业教育体系已经取得了长足的进展，但是在广大农村中等职业教育体系发展却相对滞后。主要表现在以下两点：一是农村职业教育的学历衔接制度不够完善。中职教育与高职、本科、研究生等学历间的衔接机制在部分地区尚难以实现，导致人才培育上升渠道严重受限。主要原因是政府职能部门的统筹协调不够，加上农村地区普遍财政压力较大，地方政府对中职教育的投入相对有限，导致师资、校园软硬件建设以及校企合作等全方位薄弱，进一步加重了农村中职教育学历提升的颓废趋势。二是与城镇职业院校相比，农村职业院校无论是在自身育人模式、科研能力，抑或是与企业之间的产学研合作等都明显落后，农村地区经济基础较为薄弱也决定了校企合作的广度和深度必然受限，由此出现了职业教育与产业发展相互制约的不良循环。

（二）技术变现能力不足

与城市职业教育主要服务企业单位不同，农村中职院校的主要合作和面向对象即为农村产业，故而农村中职的技能在农业生产中的变现能力极为重要。农民的文化程度普遍偏低，对于农村中职教育的看法本来就带有某种偏见，如果农村中职教育的技术不能有效助推农村生产力的提升，提供高效的技术支持，那农村中职教育的开展将会越发艰难。纵观农村中职教育的发展现状，一是技术水平不高，规模化不足，且不够与时俱进，难以形成系统化的技术服务体系。二是我国农村地区虽然农民数量庞大，但专门从事技术研发和推广的人员占比极低，人员数量的稀缺导致研发规模的匮乏，同时更为关键的是研发层次偏低，农村产业发展中应用到的核心技术基本由大学科研院所完成，然后到农村试验转化生产，这就使农村中职教育的科研能力处于一种高不成低不就的尴尬状态，久之则会导致科研能力的退化丧失。事实上，目前农村中职教育的很多毕业生已经不再将服务农村产业发展作为职业规划的首选，更倾向于以此为跳板进一步向城市输出劳动力，这就导致了农村中职教育与农村产业发展关联上的割裂。实际上，在当前我国倡导发展新质生产力的大背景下，发展智慧农业已经成为大势所趋。然而农村地区的广大中职院校却由于视野的局限性，尚未意识到这一点，在专业设置上仍然沿袭陈旧过时的电子、护理、机械、土木等专业，既不能有效精准对接区域内产业经济发展的需求，又无法充分保障学生的就业，在教学模式、教师素质等方面鲜有提升空间，无法充分体现出农村中职院校涉农这一特色。

（三）教育体系内地位持续下降

长期以来，职业教育在教育系统中就遭受社会的偏见，而在职业教育体系内部，中职教育又远弱于高职教育的发展地位。2019 年，我国高职大规模扩招，除了实现职业教育规模上的增长外也有效带动了地区产业经济的发展。然而农村中职教育却并没有享受到招生规模扩张带来的优势，在资金、政策、人才、生源、教育硬件基础等要素上发展速度依然较为缓慢。农村中职教育，无论是在社会链还是在教育链中的价值均处于边缘化状态。校企合作和校农合作程度不深，教育转化为生产力的变现能力不足。近年来，高职的办学规模持续增加，而中职院校尤其是农村中职院校快速减少。随着我国生育率的变缓以及农村城市化的进程加快，农村中职教育的生源无论是数量还是质量上均陷入越来越差的境地。与之相应的是中职教师的流失不断加速，在农村中职学校中具备"双师型"教师资格的教师大量离职到城市中去，师资队伍的削弱不可避免地导致了学生就业质量的下降，由此进入了恶性循环。师资队伍的水平偏低也是亟待解决的问题。从整体上来看，我国农村职业院校的教师来源层次普遍偏低，一般是以普通本科、高职等毕业生为主。加上部分中专学历的老教师，导致了教师的整体层次难以跟上新时代的要求。教师整体层次的偏低导致教学和科研氛围薄弱，平台较低，难以在今后吸引优秀人才加入。同时由于中老教师占比较大，对新鲜理念和技术的接受程度较差，容易对新媒体和新方法产生排斥心理，既不利于学校的人才培养，也不利于职业教育服务产业经济发展。

（四）产教融合价值不足

职业院校的产教融合是彰显职业教育优势特色的关键途径，是实现教育与产业发展的核心纽带，直接决定着职业院校能否有效助推区域内产业发展。从当前农村中职产教融合情况来看，形式上主要还是以校企定向合作为主，由于农村地区普遍产业经济发展程度不高，支柱型公司较少，这就导致校企合作的对象趋于固化，校企合作逐渐向企业的生产需求靠拢，而不一定与农业产业发展相匹配。优点是就业保障程度较高，缺点则是一旦更换工作则可能需要较高的重新学习成本。农村中职学校受自身软硬件条件约束，在培养模式、课程设置、岗位实践上等均较为陈旧，难以与时俱进。高层次人才严重匮乏，视野也局限于本区域内。事实上，农村中职教育最大的问题就是服务产业经济能力不足，直接影响了职业教育与农村产业的结合。随着乡村振兴战略的实施，对农村产业校企深度合作和农村职业教育服务农村产业发展提出了更为迫切的要求，这一问题的解决迫在眉睫。

三、农村中职教育服务农村产业发展的可行路径

（一）建立课程动态调整体系，深化校企合作，更好契合区域产业发展

首先，针对当前我国职业院校专业设置普遍存在的专业设置与市场需求不吻合、专业同质化严重、专业服务产业发展能力不充分等问题，应当尽快实现专业设置的优化和重组，职业院校要做好市场需求调研，以高质量开展职业教育服务产业发展为目的，对现有专业设置和课程内容进行适度调整。一是职业院校的专业设置原则要进行调整，不能盲目追求大而全，应重点聚焦于针对本区域内经济发展的重点需求设置相应专业，从而体现本校办学特色。二是政府职能部门要密切协调与企业、职业院校的联系，将政府的产业重点发展方向、企业的用工需求及时向各职业院校反馈，以利于职业院校快速调整本校专业的设置方向、数量及招生规模。专业课程应当与企业协同开发，避免职业院校单独开发带来的水土不服现象。

其次，要充分认识到加快发展产教融合对促进职业教育服务产业发展的重要作用。一是要进一步完善相关制度，将职业院校与企业之间的校企合作、产教融合制度化、系统化、规范化。明确双方在校企合作关系中的彼此责任与义务，协调合作过程中可能遇到的人员交流、实践安排、资金往来等方面的差异，由政府相关职能部门主导，通过建立合作框架协议，周期性、长期性开展产学研的企业协同推进，在整体目标上

既要满足职业教育育人的大方向，又要兼顾到企业实施生产活动的需求，形成职业院校与企业良性互动的合作方式。二是职业院校要与企业一道共同探索校企合作、产教融合的创新机制和合作内容。在职业院校专业设置和课程教学内容、职业院校到企业实习实践的内容与形式、校企之间的导师培育比例分配、双方的资金往来以及培育成效的考核评价等均要做好提前谋划。职业院校要主动站在企业角度想，以满足企业用工需求从而实现职业教育服务产业发展的功能。然后就是要大力开展职业教育信息化升级工作，大力发展新质生产力赋能职业教育发展，开展"产业—技能—专业"多链融汇全过程式育人模式实践，实现传统培养模式的创新，使学生完成由"知识本位"到"能力本位"的转变。三是建立健全农村职业院校的学历衔接体系。由政府职能部门牵头，在顶层设计层面加大对职业教育行业的政策倾斜，根据本地区的经济发展水平，对职业院校与本科、研究生院校的学历衔接进行统筹规划，优化布局，打造不同学历间的畅通渠道，为建设智慧农业提供人才支撑。协调不同主体对农村职业教育所遇到的人才断层、发展滞后以及分布不均衡等问题制定解决方案。将全区域教育行业系统全局规划，结合本区域特色产业设置相关专业，促成各院校及校企之间开展深度交流与合作。增强资源共享能力。

（二）强化制度建设，改善服务环境

农村中职教育的发展是农村产业发展重要的一环，也是职业教育与农村产业结合纽带的连接点，必须尽快建立健全农村中职教育制度体系。一是政府职能部门要加大对农村中职教育的重视与支持力度，将制度保障的建立作为校企合作的根本保证。根据教育部关于涉农学科的相关文件及农村产业发展的实际，结合"新工科""新农科"理念，设立本区域内相关的专业课程，并据此引入相关师资，政府部门要进一步放大中职学校管理自主权，在办学体制、专业设置调整和师资考核评价方面不做过多干涉，一切以更有利于服务农村产业发展作为目的。二是以乡村振兴战略为指引，以服务农村产业发展为目标，以校企合作为路径，积极对接农村涉农产业和企业，并加强与城市大学、高职院校的合作学习交流，提升自身实力满足服务需求。三是地方政府要果断承担统筹发展责任，立足本区域经济发展和教育发展的全局，结合国家文件做好顶层设计工作，认真结合本区域内农村产业的难点、疑点，积极协调校农合作，在合作的广度深度上做好协调统筹工作，并营造宽松人性化的考核环境以解除各方的担忧。四是要充分学习发达地区发展经验。认真落实"以城带乡、资源共享"的融合工作制度，在产业发展环境、教育资源、人力流动上做好规划。积极引入区域外优秀企业人才参加工作进行指导，探索校企合作的新合作机制。努力打造城乡一体化建设，推动教育育人助推产业发展。

（三）创立技术服务平台，发挥资源优势

组织创立农村中职教育技术服务农村产业发展专用平台，以培育符合农村发展需求的高素质技能型复合人才为目标，对照农村产业发展计划，根据本区域实际情况，进一步强化校农—校企合作深度广度，致力于形成区域性的产学研综合服务中心。通过搭建人才牵引平台、技术交流转化平台、政策调研平台等若干服务型平台的建设，由行政部门牵头引线，积极招纳区域内外优秀人才，为农村产业发展盘活存量引入新鲜血液。政府职能部门逐渐放宽校企合作的诸多条款限制，采取灵活的方式，提高社会、企业参与农村中职教育的办学发展积极性。对涉农产业专业要给予大力支持，努力放宽农村中职教育办学中的地域约束，积极探索新发展模式，进一步释放教育对农村产业的发展动能。积极与发达地区农村产业、企业和中高职院校实现紧密互动，采取请进来、走出去的方式，学习发展经验。共建良好的学生就业氛围，引导学生充分发挥学有所用服务农村产业发展，挖掘区域内特色涉农产业如旅游业、乡村健康产业及特色文化产业等，实现农村职业教育多元化发展。建立涉农产品销售和服务平台，增强对外交流合作，拓宽招商引资渠道，吸引区域外企业单位设立合作办事中心或者建立对口帮扶合作机制，提高本地区农产品竞争力，从而避免本地区人口外流，使其长期服务区域内农村产业发展工作。与省市内外农产品交流博览平台合作设立农产品专栏，充分利用信息化平台增加区域内农村产业影响力，探索与城市农产品相关企业和科研院所的合作机制，吸纳优秀人才加盟，提供宽松的政策环境和合作氛围，推进农村中职教育与涉农产业的合作，强化职业教育在农村产业服务过程中的优势，改善短板，加强涉农相关特色学科建设。搭建农村产业合作和农产品研发中心，尝试建立农村职业教育服务农村产业发展的区域性模式。建设农业大国和农业强国必须深挖国内资源，以释放内生动力为基础，充分利用区域外资源，形成强大合力。充分借鉴其他地区成功的发展经验和办学理念，然后结合本校实际，发展高质量的农村职业教育。

（四）搭建产业合作平台，深化服务能力

职业教育以推进区域经济发展为目标。农村产业现在并将长期处于我国产业发展的重要环节。通过强化农村建设，以实现乡村振兴为目标和动力，建立健全现代农村产业发展体系，创设农村产业发展新平台；以职业教育的校企合作为抓手，加快实现农村职业教育与农村产业在各产业链上的整合协同，加大与国内其他相关涉农企业、科研院所等交流合作，吸引区域内外金融实体注资，将金融功能连接到农村产业发展的大循环中。推动企业和银行等在农村设立分支机构，充分利用农村产业发展制度优势，积极摸索建设现代化新农村的思路与方法。主动学习东部发达地区职业教育服务农村和城镇产业发展的经验，提炼本地区涉农产品的特色，打造区域性农产品知名品牌，以包括网络、电视、新媒体等各种传播媒介增强影响力。努力探索农村产业发展合伙人机制。农产品的研发生产销售应由专业的涉农公司承担，探索农民签订劳动合同与公司合作的新工作机制。优化农村金融环境，加强资金引入力度，推进银行向涉农企业和农村中职院校提供中长期无息贷款，降低相关金融政策准入门槛。深度拓宽农产品生产链，革新服务理念，与城市、其他区域形成错位竞争机制。设立农产品资源交流合作中心，稳定市场环境，完善服务机制，健全服务政策，建立包括行政、资金、技术、人才、教育等在内的一系列平台建设工作。强化城市资源向农村的辐射带动作用，促进区域经济发展。农村产业发展需要农村技能型人才的有力支撑，在整个产业链的发展中要将农村中教育的发展同步整合进来，以农村中职教育为抓手，不断推动教育服务农村产业发展的新高度。

（五）强化教育保障，厚植发展基础

农村中职教育服务农村产业发展的基础在于得到充分的教育保障，农村职业教育的发展是一个复杂而动态的过程，包含了对劳动力的培养，也体现了人的价值培育。农村中职教育自内而外连接沟通了教育和农村两大行业产业的内部互通，自上而下实现了劳动力的学历提升和工作能力培训。目前，农村中职教育欲实现农村科研高地和技术服务中心的作用则还需要进一步强化多项体系建设，包括人才培养体系、基础设施体系、科研体系和产教融合体系等。最关键的是资金保障，通过政府拨款、企业注资、兄弟院校帮扶和省外对口支援等多渠道开源节流，在完成各要素有机衔接和配套建设后，才可能实现农村职业教育与农村产业发展的体系协调。满足农村产业发展对人才的需求，强化技术服务农村产业发展的能力。设立农村职业教育研究中心，通过政、企、校等多主体组成调研决策小组，分析区域内农村产业发展情况与农村职业教育的匹配关系，对行业发展前景、技术需求和人才缺口等进行合理预测评估，为政策制定部门提供决策咨询报告。大力引进"双师型"教师，放宽学校对"双师型"教师的准入门槛，以所拥有资质能服务农村产业发展为基准，增强农村职业教育实力。行政部门要充分下放农村职业院校决策自主权，允许其根据学校发展实际和本地区农村产业需求进行自主统筹协调。在农村中职教育与高职教育的衔接上做好统筹工作，鼓励中职教育毕业生进一步提升学历，探索科学便捷的农村中职—高职—本科—研究生人才培养阶梯建设。根据农村产业中紧缺的专业人才缺口进行自主调整，以培育更多针对性人才服务地方需求。同时加强完善与校外社会力量的衔接，包括但不限于企业、科研院所、高校等单位的交流协作。组织协调区域内外企业参与办学，探索创新人才培养模式，结合社会需求和行业评价，彰显职业教育人才培养的区域性特色。

进一步加强农村中职教育的多要素建设支撑。一是创新办学机制，允许学校拥有更大的办学自主权，鼓励企业与学校加深校企合作，引入社会力量参与共同办学。革除过去政府拨款包办严管的过时管理模式。二是对现有农村中职教育的专业设置和课程开设进行系统整合重构，以完成基本人才培养需求为基础。如区域特色农村产业学科培育，在授课内容和技能实践上探索创新适合农村产业发展的新模式，构建服务于农村经济发展的人才培养教学体系。三是建立以政、企、校等多主体构成的教育质量评估团队，创新评价标准和方式，以学习成绩和技能应用相结合作为评价基础，以服务产业能力作为创新点。将全过程质量评价纳入评价报告中，从而促进农村职业教育良性发展。

（六）结合区域特色，彰显产教融合优势

农村中职教育的发展与外部因素的作用有着密切的关联，尤其是与高职院校和企业之间更应当建立深度合作伙伴关系。从专业发展上来讲，农村中职教育作为教育体系最底层的环节，应当与高职院校、应用本科以及专业研究生院校实现教学科研和人才培养多方面的合作。通过上层院校在资金、人才、科研等多平台的帮助下带动本校整体实力发展。长期建立校际合作培养协议，实现农村中职学校教师的学历和科研能力提升，引入"双师型"教师并强化"工匠精神"培育工作。在农村产业上，农村中职院校应当深度融入区域农村产业发展过程中，结合本校特色优势，为农村产业发展提供人才支撑，不拘泥于传统，实现多要素、多平台之间的捆绑融合，带动农村产业发展。创建由政、企、校组成的新型农村职业教育与农村产业协同发展平台。一是实现政府部门与企业之间的统筹规划协调功能。由政府部门根据地方经济发展情况，积极鼓励本区域企业参与农村产业发展和农村职业教育的合作化办学。在政策制度上进行宽松和倾斜，企业根据政府发展规划及时调整产品研发和生产方向，满足地方经济发展目标。二是政府部门做好农村中职教育的顶层设计和适度放权工作。在宏观上进行把控，在微观上由学校根据自身情况进行规划安排。政府通过拨款确保学校基本运转不受影响，稳定优秀教师团队不出现流失。在政策上放宽人才和评价上的限制，学校大力引入"双师型"教师，对所有教师和学生开展"工匠精神"培育，培养教师精益求精、爱岗敬业、一丝不苟的工作态度。三是学校和企业间进一步深化校企合作。鼓励企业通过注资共同办学等方式，进一步深化人才培养方案的创新制定。根据企业用工需求和农村产业发展的实际，培养更多高素质技能型人才。四是开创多主体共同参与的校企合作产教融合新局面。政府部门应当围绕乡村振兴、智慧农业等国家重点战略进一步建立健全职业院校与企业、政府、科研院所之间的相关政策，尤其是对校农合作和校企合作的部分政策性门槛进行放宽，提供更充分的财力人力支撑。积极引导支持农村职业院校强化涉农学科建设、打造区域涉农品牌，为服务乡村振兴提供技术技能型创新人才。学校应转变传统观念，积极对照本区域内农业产业发展需求，结合本校实际，对人才培养模式和育人理念进行重大革新，增强与企业和农业之间的合作深度，培育更多高素质的涉农优秀毕业生。

第十三章

发展新质生产力赋能职业教育探索

2023年9月，习近平总书记在黑龙江省视察工作时指出，要"整合科技创新资源，引领发展战略性新兴产业和未来产业，加快形成新质生产力"。目前，以发展新质生产力为目的的产业革命浪潮正扩散至各行各业，教育行业亦受到显著推动，在职业教育领域积极发展新质生产力，是实现社会主义现代化教育强国，奠定我国应对全世界"百年未有之大变局"的深厚基础，具有非常重要的理论与实践意义。

一、"新质生产力"概念的提出背景与研究现状

任何概念的提出都有其深刻的时代背景，新质生产力也如此。在习近平总书记提出"新质生产力"这一概念之前，相关研究已经存在，但尚未形成对新质生产力进行深入研究的客观环境与条件。

（一）习近平总书记对新质生产力的重要论述

2023年是东北振兴战略实施20周年。在此背景下，习近平总书记到黑龙江省视察工作并发表重要讲话，首次提出"新质生产力"的概念。习近平总书记指出："积极培育新能源、新材料、先进制造、电子信息等战略性新兴产业，积极培育未来产业，加快形成新质生产力"，"整合科技创新资源，引领发展战略性新兴产业和未来产业，加快形成新质生产力"。

（二）国外对新质生产力的相关研究

最早提出生产力概念的是法国经济学家弗朗索瓦·魁奈，他所说的生产力实际上是指土地生产力，这一观点在当时受到了广泛的关注和讨论。随后，英国经济学家亚当·斯密对这一观点做了发挥，他在《国富论》中提出了"劳动生产力"的概念，认为分工可以提高劳动的生产力，从而增加生产量。法国经济学家让·巴蒂斯特·萨伊和英国经济学家大卫·李嘉图也先后对生产力概念做了研究。他们把生产力概念引入政治经济学中，并强调生产力的可变性。德国经济学家弗里德里希·李斯特认为生产力是一种客观存在，是由交换价值决定的。马克思、恩格斯的研究结束了单纯研究生产力的历史，纠正了前人研究生产力的不足，把生产力研究提升到了新的高度。他们在生产力研究方面的突出贡献在于首先不再孤立地考察生产力，而是从生产力与生产关系相互联系的视角，把生产力作为决定生产关系的原因；其次，提出经济基础的概念，把经济基础视作上层建筑的原因，由此揭示了社会问题最根本的规律。总体来说，生产力概念经历了多个阶段的发展和演变，不同经济学家对生产力概念有着不同的理解和解释。从最初的土地生产力到劳动生产力再到社会生产力、自然生产力，逐渐形成了较为完善的理论体系。

（三）国内对新质生产力的相关研究

在国内，20世纪80年代中期，学术界开始出现类似"新质生产力"的说法，如杨广文是在区分事物的量变与质变、新旧事物比较的意义上提到新质生产力的，并没有将新质生产力作为新的独立范畴进行研究。之后，胡潇、周延云、李琪、王学荣、张黎明和周晓宇等也在相同意义上使用"新质生产力"这一说法。① 总之，虽然早期一些学者使用了新质生产力或与之类似的概念，但他们都没有系统地概括与阐释新质生产力的内涵，最多是站在与"旧的生产力"或"原始生产力"的角度进行简单描述。关于新质生产力的理论深度描述不足，未能引起学界关注。

习近平总书记提出新质生产力概念后，立即引起社会各界的广泛关注。相关学术期刊和媒体陆续刊发有关新质生产力的理论文章。有关新质生产力的研究开始深入化、系统化、理论化，并与中国式现代化和高质量发展等研究相结合，对实践起到了一定的指导作用。从目前所检索到的文献研究来看，较为典型的关于新质生产力研究主要包括以下视角：关于新质生产力内涵特质的研究②，关于新质生产力实现路径的研究③，关于新质生产力的理论创新与时代价值的研究④以及关于新质生

---

① 杨广文. 关于生产力的质和量 [J]. 晋阳学刊, 1985（2）：24-28；胡潇. 历史辩证法的辉煌：论毛泽东关于社会生产方式矛盾分析的科学性 [J]. 广东社会科学, 1994（1）：28-34；周延云, 李琪. 生产力的新质态：信息生产力 [J]. 生产力研究, 2006（7）：90-92；王学荣. 从传统生产力到生态生产力：扬弃与超越 [J]. 武汉科技大学学报（社会科学版）, 2013（1）：12-15, 28；张黎明, 周晓宇. 论信息生产力的质态变化、特征与价值 [J]. 中国管理信息化, 2022（5）：108-111.

② 蒲清平, 向往. 新质生产力的内涵特征、内在逻辑和实现途径：推进中国式现代化的新动能 [J]. 新疆师范大学学报（哲学社会科学版）, 2024（1）：77-85；周文, 许凌云. 论新质生产力：内涵特征与重要着力点 [J]. 改革, 2023（10）：1-13；令小雄, 谢何源, 妥亮, 等. 新质生产力的三重向度：时空向度、结构向度、科技向度 [J]. 新疆师范大学学报（哲学社会科学版）, 2024（1）：67-76.

③ 胡莹. 新质生产力的内涵、特点及路径探析 [J]. 新疆师范大学学报（哲学社会科学版）, 2024（5）：36-45, 2；柳学信, 曹成梓, 孔晓旭. 大国竞争背景下新质生产力形成的理论逻辑与实现路径 [J]. 重庆大学学报（社会科学版）, 2024（1）：145-155.

④ 蒲清平, 黄媛媛. 习近平总书记关于新质生产力重要论述的生成逻辑、理论创新与时代价值 [J]. 西南大学学报（社会科学版）, 2023（6）：1-11；高帆. "新质生产力"的提出逻辑、多维内涵及时代意义 [J]. 政治经济学评论, 2023（6）：127-145.

产力与高质量发展的研究①。这些开创新的研究成果具有较大的参考价值，为进一步的后续研究奠定了坚实的基础。

二、新质生产力的基本内涵与时代特征

新质生产力的提出是马克思主义中国化理论创新的重要里程碑之一，是习近平总书记高瞻远瞩、审时度势，立足当前我国产业经济发展的国情提出的新理论新概念。体现了中国共产党人对"科学技术是第一生产力"的深刻理解和全新认识，具有深厚的思想内蕴和鲜明的时代表征。

新质生产力是生产力的一种随时代发展而演变的外在表现形式，其本质依然是"生产力"。对于生产力的发展历史，前人已经有所研究。在马克思、恩格斯开展生产力研究之前，西方国家对生产力的研究大多局限于对生产力的单维度浅层次论述上，如生产力源自土地生产力的概念等。马克思在批判性地吸收英国经济学家亚当·斯密的"市场生产力"、德国古典经济学家赫斯的"共同生活即为生产力"以及德国学者弗里德里希·李斯特的"国家生产力"的研究之后，站在马克思主义政治经济学的视角重新阐述了生产力的内涵。马克思把生产力定义为"生产能力及其要素的发展"②，强调"劳动生产力是由多种情况决定的，其中包括工人的平均熟练程度，科学的发展水平和他在工艺上应用

---

① 徐政，郑霖豪，程梦瑶. 新质生产力赋能高质量发展的内在逻辑与实践构想 [J]. 当代经济研究，2023（11）：51-58；徐政，郑霖豪，程梦瑶. 新质生产力助力高质量发展：优势条件、关键问题和路径选择 [J]. 西南大学学报（社会科学版），2023（6）：12-22.

② 中共中央马克思恩格斯列宁斯大林著作编译局. 马克思恩格斯文集：第7卷 [M]. 北京：人民出版社，2009：1000.

的程度，生产过程的社会结合，生产资料的规模和效能，以及自然条件"①。

　　为更好地体现新质生产力的内涵界定，还是要从马克思主义对于生产力的界定方式着手，以科学技术作为出发点，从当代科技大爆发对生产力组成三要素带来的深度提升来理解新质生产力的内涵。首先是生产者所体现的"新"。传统劳动者所对应的一般理解为劳动技能不够高端，经验不够丰富，是对生产劳动的简单重复制作，在最重要的生产者创新能力上严重缺乏。无论是从夏商周时期的奴隶社会，还是延续到清末时期的封建社会，乃至于改革开放前的新中国时期，生产者的劳动素养均被打上了创新素养低、没有体现出生产者所应当体现的主观能动创新性这一特质。而新质生产力，则直接针对生产者能力范畴进行突破提升，从生产环节最重要的"人"上着手，目标是在新时代的产业发展背景下，生产者应当是具备较高劳动技能和理论素养的劳动者，应当是具备自主创新能力的创造者，应当是具备自主学习迭代能力的实践者。要能充分利用现代化的仪器、设备、生产工具等为劳动者打造全新的生产者代表。其次是"生产资料"的"新"。从传统意义上来讲，生产资料是生产者借以用来改变或影响生产对象的一切物质资料，在现代背景下，非物质意义上的生产工具也逐渐被纳入生产资料的范畴。从某种程度上来说，生产资料其实是影响生产效率最重要的因素。从传统生产资料的基本范畴来看，无非是通过人力驱动、机器驱动和自然资源的低效率消耗来实现生产过程，与之相对应的即是以大数据、人工智能、高精尖产业链为代表的现代化生产资料，这里面包含着生产工具使用理念上

---

① 中共中央马克思恩格斯列宁斯大林著作编译局.马克思恩格斯文集：第5卷［M］.北京：人民出版社，2009：53.

的革新，从传统意义上单纯为实现产品的输出最大化，转变为高效率高质量而又低能耗实现"绿色、智能、自动、信息"化现代生产。最后是生产对象的"新"。生产对象也是生产者使用生产资料使其产生作用和改变的劳动对象。随着科技创新带来的生产工具的加持，人们对劳动对象的领域已经扩展至宇宙、细胞、高原、深海、极地等广深领域，对生产行业的劳动对象也早已从农业、工业领域拓展至医药、信息、航空航天、纳米芯片等领域，在生产对象的涵盖尺度上实现了深度革新。总之，新质生产力是以科技创新为驱动，以高层次创新型人才为支撑，以战略性新兴产业和未来产业为载体，以数字化、智能化、绿色化为基石所形成的高效能、高质量生产力，是代表新技术、创造新价值、适应新产业、重塑新动能的新型生产力。

新质生产力是顺应科技革命和产业革命的发展需求而提出的新理念，虽然在此之前也有一些学者提出过类似的概念，但无论是从概念的精准程度，还是对概念的广度深度的阐述上都不及新质生产力全面。新质生产力具有两个主要特征：

一是强调了中国式现代化对于实现高质量发展的内在要求。在党的二十大报告里就已经把实现高质量发展作为全面建设社会主义现代化国家的首要任务，这就表明，在实现中华民族伟大复兴的终极目标上，实现高质量发展是必由之路。而新质生产力的提出则是对如何实现高质量的发展给出了完美答案。具体来说，第一，新质生产力将科技领域的创新作为出发点和支撑点，这种全新的生产力就要求要有高素质的蕴含新科技素养的劳动者，具有高科技含量的生产工具和科技能力创新下所拓宽的生产对象。这显然会促使高校科研院所研发更多高端科学技术和生产工具，并培养出更多高素质生产人才。同时也要求各工厂企业等汰弱留强生产出更多高科技含量的产品，使生产各环节都实现科技加持上的提升。第二，新质生产力突出了新产业新方向的引领作用。从《工业和信息化部等七部门关于推动未来产业创新发展的实施意见》（工信部联科〔2024〕12号）所给出的未来产业前瞻赛道上看，以智能制造、生物制造、纳米制造为代表的未来制造，以核能、核聚变、生物质能为代表的未来能源，以载人航天、探月探火、卫星导航为代表的未来空间和以基因技术、合成生物为代表的未来健康等领域将成为新质生产力发展的新方向。这些产业发展将引领各产业圈/产业带更好地实现相互带动、相互促进发展，从而实现全行业产业的高质量发展。第三，新质生产力的内在要求之一也包括对传统产业的改造升级。尤其是对能耗高、效率低、污染大的产业实现科技改造，通过引入智能化、信息化、绿色化的新生产理念，来实现对传统产业的高质量发展。

二是强调了中国式现代化对于实现全体人民共同富裕的本质目标。中国式现代化也是全体人民共同富裕的现代化，而新质生产力的发展即为实现这一本质要求，实现生产成果的最终目的是全民共享。首先，新质生产力的发展能通过更快更高效提升生产过程来实现共同富裕目标的加速实现。以大数据、人工智能为代表的新兴产业的蓬勃发展和全面应用，将引领全行业实现生产效率的跃升，从而为实现共同富裕注入了强心针和催化剂。这一点在对传统产业升级改造的成效上体现得尤为明显。目前，数字化、智能化科技革命已经在轰轰烈烈地展开，全世界特别是西方发达国家已经掀起了科技革命新浪潮，我们务必要紧紧抓住新产业革命的机遇，实现经济、文化、教育等全行业的弯道超车。其次，新质生产力的发展也将通过创造更多高质量高科技含量的平台缩小不平衡不充分发展的差距。通过以大数据、云计算为代表的数字技术发展，搭建出服务城乡居民生产生活行政操作的各种数字化办公平台和医疗保障平台等，不断改善和完善城乡居民在信息集成和资源共享上的差异，从而为实现乡村振兴、实现中国智造提供更强的助推力。

三、新质生产力与职业教育发展相辅相成的内在逻辑

生产力的发展和革新总是在不同程度上影响着人类社会各种活动，教育系统作为人类社会重要的子系统，必然也受到很大程度的影响。新质生产力是传统生产力在新科学技术、新生产理念作用下所演变的生产力，其与教育领域尤其是和生产活动结合更为紧密的职业教育领域关联更深。二者存在着相辅相成的有机耦合作用。

（一）新质生产力是职业教育领域发生系统性转变的促成关键

马克思、恩格斯表示，"一个民族的生产力发展的水平，最明显地表现于该民族分工的发展程度。任何新的生产力，只要它不是迄今已知的生产力单纯的量的扩大（如开垦土地），都会引起分工的进一步发展"①。截至当前，人类历史已经经历了四次工业革命，每一次革命都通过对生产力的大规模提升从而间接影响了教育理念、方向、方法和媒介的深度变化。第一次工业革命源起于18世纪下半叶以英国蒸汽机为代表的产业机械化运动。此次工业革命最终导致以蒸汽轮机为代表的机械动力替代传统人力，从而显著提升了生产效率，作为人类历史上首次生产力革命，它深刻改变了人类的生产生活方式，同样对人类的产业发展理念和体系产生了巨大的影响。根据相关统计，第一次工业革命后，英国农业人口占总人口的比例从八成锐减至不到三成，而制造业、矿业和建筑行业的从业人员则大幅攀升。由此次工业革命所引发的教育领域也发生了重大变化，突出体现在教育的办学宗旨从精英教育、为教会神

---

① 中共中央马克思恩格斯列宁斯大林著作编译局．马克思恩格斯文集：第1卷［M］．北京：人民出版社，2009：520．

学服务转变为为工业生产力发展服务。英国所掀起的"新大学运动"并增设了数学、商科等服务工业的学科课程，表明人类首次工业革命对职业教育的办学宗旨起到了重新定向的重要作用。第二次工业革命为19世纪末20世纪初的电气化革命。电力的普及和内燃机的广泛使用使得工业产业效率进一步提升，促使信息传播、交通转运等领域发生大规模革新。这在教育领域特别是职业教育领域，表现为进一步建立完善了现代大学和职业教育的制度化建设，使之与目前的教育形式逐渐接近。同时，对学前教育、义务教育、高等教育、职业教育的进一步细分，促进了现代教育体系的丰富精细。职业教育的重要性越来越得到凸显。第三次工业革命发轫于20世纪50—60年代，以计算机科学技术的发展作为重要标志，进而衍生出了一系列智能化、自动化信息技术，推动人类进入了电子信息时代。计算机取代人脑计算所带来的生产效率的巨幅提升，使得航天技术、芯片技术等产业的发展成为可能。不同国家也将信息技术带来的技术红利应用于教育领域尤其是职业教育领域，从职业教育新开设的授课科目和就业方向即可窥见一斑。随着技术的不断发展，通过信息技术实现了职业教育的进一步全方面的信息整合和统筹，现代职业教育体系逐渐形成。职业教育的发展理念和发展形势也得到了深度提升。

进入21世纪20年代，以数字技术、大数据、云计算、人工智能等为代表的新产业新方向引领了人类生产力历史上的第四次工业革命。新质生产力概念的提出强调了科技创新能力的关键引领作用，通过创新实现生产力组成三要素的全面提升，从而契合新时代新环境对生产力的新要求。新质生产力的发展将会对教育领域尤其是职业教育产生革命性的改变。第一，职业教育革命理念上的转变。新质生产力所蕴含的数字技术大发展使得信息知识逐渐呈现爆炸式发展，知识的储存密度和广度已经逐渐超过传统授课的接受最大值，尤其是新生产工具、生产方向的动态即是快速变化，要求职业教育必须迅速转变传统的传授技能思维，以后的职业教育将主要强化学生创新工作方法和思考能力的培育，单纯地在课堂上传授片面的过时的生产知识和信息已经不能满足实际生产需求。第二，新质生产力要求导师职业教育人才培养目标的创新。职业院校培养学生的目标不能再简单地停留在传知识保就业上，而是要将培育新思维、多技能、新知识的新时代劳动者作为人才培养目标。在学制学时、考核形式、实习方式以及教师能力培养等各体系环节上都要进行系统性改革。第三，新质生产力意味着教育内容也要随之发生巨变。面向未来产业、大数据、未来能源、空间技术等新兴产业技术方法理论实践上的教育内容也必须与时俱进。第四，新质生产力的发展将引发教育媒介的巨大转变。ChatGPT、机器人、智能多媒体等工具的迅速发展，将引发职业教育师生关系的新转变，学生自主学习的能力迅速提高，教师的身份也从授课者逐渐向引领者转变。第五，新质生产力将引发教育治理能力的重要变革。通过大数据技术的升级改造，对目前职业教育行业内效率低下冗余的环节进行升级革除，将使现代职业教育逐步迈向数字化纵深发展，从机械化僵硬管理转变为信息化智能管理，进而实现职业教育现代化治理能力提升。

（二）职业教育是加快新质生产力培育落地的重要媒介

通过对新质生产力的内涵分析可以看出，实现新质生产力的发展最关键的部分在于对生产力三要素（劳动者、劳动资料、劳动对象）的科技创新。而实现科技创新需要通过具备高科技素质的人来实现，培育具备高素质劳动者的场所也大多由职业教育院校来完成，由此，职业教育便成为实现新质生产力培育的核心因素。事实上，自从作为衔接人才培养与产业发展桥梁纽带的职业教育领域被细分以来，其一直担负着培育适合新产业所需新劳动者的使命，只不过，在新时代新产业发展的背景下，职业教育所肩负的使命更为重大。

首先，职业教育通过推动劳动力素质提升来发展新质生产力。马克思主义认为，然而劳动力基于其自身受教育程度和学习能力的差异亦具备不同层次的生产力。通过职业教育对劳动者实现劳动所需技能的提升培育和劳动理念、劳动思维的深度优化，可以实现劳动者从"低级劳动者"向"高级劳动者"的身份转变，这种转变不但实现了生产效率的提升，同时也实现了思维能力的跃迁，使之从只会简单繁复劳动者变成具备创造能力的新生产者。这也符合了马克思所指出的"教育会生产劳动能力"，进而推动生产力的发展和进步。美国经济学家舒尔茨和贝克尔通过测算指出 1929—1957 年美国教育对经济增长的贡献率为32%，而职业教育对经济增长的贡献率只会更高。在过去的十几年间，我国 GDP 实现稳步增长，然而相关生产行业的从业人员并没有相应增加甚至呈现下降趋势，这从侧面反映了这些行业的从业人员已经逐渐转换为具备高素质、高效率的高学历型生产者，职业教育对产业经济的正向影响得到了充分的体现。

其次，职业教育通过科技创新锻造新质生产力。科学技术是第一生产力，而职业教育是科学知识应用与实践的重要场所，通过促进科学技术的进步可显著提高生产率。从世界科学技术中心的发展分布转换历史来看，过去两百多年世界科技中心大多分布于欧美经济发达国家和地区，相应地，高科技创新中心所对应的是高度发达的职业教育体系。通过高科技所带来的知识和工具创新直接通过职业教育作用于劳动者培育实践进而传导至生产生活过程中，从而实现了产业经济的发展带动作用。目前，世界科技中心已经逐渐向东亚尤其是中国转移，我国已经成为世界科技制造重要的一极。大力发展职业教育，将更为有力地推动我国科技创新能力落地开花，推动产业经济发展，从而使现代职业教育育人体系成为科技研发转化的重要人才支撑。

最后，职业教育通过知识甄别再输出发展新质生产力。职业教育的重要作用在于通过审视当前经济社会发展所需的重要知识和信息技术，通过精选甄别后有侧重地发展和传授给劳动者，从而在继承原有知识框架的基础上实现了劳动者能力体系的升级改造。新时代是信息爆炸性发展的时代，劳动者不可能也没必要对所有知识和信息照搬全收，根据国情和产业发展的需求有的放矢选择最关键的进行学习，才能实现人才培养的优化。通过对海量知识进行提炼重组，构建全新思维导图和知识链，可以深化对生产对象和生产工具的理解能力，从而更有效地促进科技创新，最终实现新质生产力的优化培育。

四、新质生产力赋能职业教育发展的现实挑战

当前我国正经历百年未有之大变局，国与国之间竞争日趋激烈，尤其是当下我国与美国在政治、经济、教育等各方面都在进行着强力角逐。国力之间的竞争，说到底还是人才之间的竞争，谁能彻底释放人的能力，谁能最大化地提高生产力，谁就能在风云诡谲的国际新环境里独占鳌头，取得先机。发展新质生产力，核心还是劳动者，是具备高素质高技能的复合型人才，这些大多要从职业教育产出，然而目前，我国职业教育虽然经历长足发展，但是相对西方国家，面对现今形势，依然存在着亟待解决的薄弱领域。

（一）职业教育育人理念亟待革新

教育理念，因各国国情和发展目标的不同而各有差异。然而其最终

目标却趋同一致，即为更好地培养复合型高学历人才，更好地面向社会、面向岗位，为国家社会经济发展做出最大化贡献。西方国家曾对教育理念的执行模式进行过一系列探索，如英国的科学社会主义教育理念、法国的理性主义教育理念、德国的国家社会主义教育理念以及美国的进步主义教育理念等。随着信息技术的发展和数字经济时代的到来，以大数据、大智能、大健康、大互联为代表的现代产业经济重塑了人们对产业发展体系的认知，并导致现代职业教育系统理念也被迫转型升级。目前的教育理念根源于工业革命时期的教育哲学思想，包括夸美纽斯的班级授课制和斯宾塞的基于科学知识的课程论。这里倒不是说当前教育体系有误，只是面对日渐膨胀的第四次工业革命的到来，此前以培育流水线人才和机械照搬传输已有知识的教育理念已经不再适合目前需求，并且这种差距会越来越大。新时代的职业教育理念应当以人为本，注重人类个体综合素质的差异化培育，注重劳动者创新性逻辑思维能力的培育，注重个体学习能力的培育，从知识传输体系转为育人素养体系。如何根据本国本省本地区的现实需求培育相适应的人才已经越来越迫切地成为职业教育发展新质生产力的优先课题。

（二）高层次人才亟待培育

发展新质生产力最重要的是借助科技创新释放人的创新动能，而实现科技创新的关键在于培育高层次人才。尽管近年来，我国已经建成并维持世界规模最大的教育体系，且取得巨大成就。不过总体上讲，我国的高等教育在宏观上还是弱于欧美国家很多。根据有关数据[①]，2023 年全球高被引科学家我国占 1275 人，不到美国一半，仍有较大的差距。更重要的是，当前高等院校里基础科学人才流失越来越严重。基础学科

---

① 杜玉波．教育强国与高质量高等教育体系［J］．职业技术教育，2023（27）：11-15.

是实现科研创新的重要基石，而目前的高等教育和职业院校为了保障就业率和蹭热度，一窝蜂扎堆设置应用型热门学科，对数学、理论物理、力学等基础学科投入不够，甚至削减名额。这导致我国理工科毕业生数量逐年下降，根据统计，我国理工科本科毕业生近 10 年来占比一直呈下降趋势，理工科人才培养面临数量不足和质量堪忧的双重压力。① 目前，我国通过鼓励发展理工科专业，对理工科硕士博士点进行政策支持的方式来纠正这一趋势。另外，我国对于高层次人才的培育存在着培育体系不完善、理论实践结合不足、培养模式僵化等问题，故而如何尽快改革高层次人才培养体系，尽快为发展新质生产力提供人才支撑已成为当务之急。

（三）高等教育结构亟须优化

新质生产力要求有创新能力的新型高层次高素质人才队伍作为支撑，这里面所指的是全产业链的高素质创新型人才。当前我国高等教育的结构模式已经渐渐呈现出重大学轻职校的趋势。任何一条产业链其源头是高技术人才进行科研创新，而产业链中下游则需要更多具备实践经验和岗位技能的劳动者。这就要求不但需要一大批高等院校和科研机构进行科技研发创新，更需要一大批高职、中职院校培育高素质技能型人才。然而我国虽然已经拥有世界最大规模的高等教育体系，却并未形成与市场相匹配的职业教育院校结构体系。职业教育受国内传统观念的影响普遍存在着学校地位不高、经费投入不足、学生培养模式僵化以及专业设置陈旧等问题，直接后果就是我国技能型人才数量规模小、占比低，远远不能满足国内市场的人才需求。根据人社部数据，2021 年我

---

① 吴江. 为中国式现代化强化人才支撑：党的二十大报告中关于人才工作的新思想新论断解读 [N]. 海峡人才报，2022-11-09 (3).

国技能型人才超过 2 亿人，其中高技能型人才仅有 6000 万人，占技能劳动者人口比例仅为 30%，与发达国家 30%～50% 的占比尚存在较大差距。① 因此，迫切需要纠正高等教育职业教育头重脚轻的弊端已成为关键挑战。

(四) 国际化办学亟待提升

国际化办学能力提升有助于及时掌握国际相关领域的最新动态和促进人才的交流培养。历史教训告诉我们，闭门造车总会失之偏颇，开放式办学方能最大化发挥知识的传播和互通作用。目前，我国国际化办学普遍迈入形式上的国际化办学和实际上的单方面对外人才输出两个误区。形式上的国际化办学另一个说法就是假"国际化"，大多表现为高校或者职业院校为满足周期性评估指标要求而不得不降低生源要求录取大量国外留学生凑数，实际并没有起到真正的国际化学术交流的作用。单方面对外人才输出更多地表现在国内某些顶级高校毕业生大量流入美英等发达国家学习、工作，为他人作嫁衣，从而造成了国内大量培养资源的浪费。目前，欧美国家对中国"卡脖子"技术封锁越来越严苛，国内科研人员和高校学生参加国际学术交流会议受到越来越多的干扰，如何在新形势下提升国际化办学能力，强化国家自主创新能力，已经成为整个教育领域都面临的难点。

五、新质生产力赋能职业教育发展的实践路径

职业教育是开展新质生产力的重要环节，我们应当从宏观视野出发，以发展的眼光将教育、经济、科技等系统联系起来，革新传统教育

---

① 党的十八大以来工会工作成就经验新闻发布会 [EB/OL]. 中国共产党新闻网，2022 -08-01.

理念，完善人才培养模式，协调好高等教育与职业教育的协同发展，有效开展好国际化办学。

（一）革新传统教育理念：有机衔接好教育、科技、育人一体化培养

教育的育人成效优劣，主要取决于教育理念的制定是否与其所处的时代需求相吻合。近年来，党和国家对职业教育一直予以重视。传统单纯以知识输送和培育流水线人才为目标的职业教育理念已经不再符合市场要求。因此，应当从以下方面入手转变教育理念：一是职业教育的功能定位从"谋业"变为"树人"。更加注重受教育的人的全面发展。职业教育是实现劳动者就业的途径之一，但不能纯粹为了就业而开展职业教育。通过因材施教分类培育，让不同天赋的学生和有需求的学生能够实现多样化发展，进一步改变社会对职业教育的歧视行为，为国内教育体系的架构完善起到积极作用。二是将职业教育改革的重心从"传授"转为"产教"，以服务区域经济发展为目的。需要注意的是，产教融合是职业教育的重要特征，也是普通教育无法比拟的优势。必须将职业教育与产业发展转型、区域经济发展捆绑在一起，才能充分发挥各自特长，进而解决人才培养与市场需求错位的矛盾。三是职业教育发展路径由"分类"变为"协同"。现代职业教育与科技创新和人才培养居于同等重要的地位，只有明确这一定位，才能推动三者之间实现优势交叉互补、相辅相成。

（二）完善人才培养模式：进一步深化产学研用培养高层次复合型人才

人才培养模式直接决定了人才培育质量的优劣。新质生产力的培育与职业教育的发展核心都在于对学生的培养。因此，应当在培育的各个环节都要深入探索高质高效的人才培养方法。以多元参与的现代学徒制为培养模式，在招生时即应协调职业院校与企业用工单位根据区域经济

发展需求、企业用人需求和院校培养条件共同制定实施招生政策，及时签订好三方协议等，保障各方权益。政府部门应出台相关政策允许职业院校拥有一定的招生自主权，为企业员工学历进修提供培育渠道。在校企双方为学生制定培养方案时，应当确保学生在企业顶岗实习的实践比重不少于40%，以避免过于强调知识培育的弊端。同时增大企业自主权利并给予其对学生实践能力的考核评价权利，从而形成学校、企业在内的多元化评价体系以利于激发学生积极性。另外要完善课程体系和教学方法。各培养主体方应当以育人为目的，合理设置课程和实践内容，确保学生可以按时按质完成工作任务。鼓励但不强制学生盲目考取有关资格证，根据学生特点适时调整授课内容和工作计划，引导学生提高自主学习的兴趣和能力培养，培养学生动手能力，并打造高水平"双师型"教师队伍，选拔高水平高技能企业人才担任师傅，明确双方责任和待遇，共同制定好培养学生的方案，为新质生产力发展培育更多高层次复合型技能人才。

（三）职普教育协调发展：根据实际需求适时调整普通职业教育结构

新质生产力概念的提出和推广，意味着对科技创新能力提出了更高层次的要求。无论是科研能力本身，抑或是科研人才队伍的培养，都离不开教育体系的支撑，因此，应当立足大发展宏观视野，着眼于教育事业发展服务了社会经济发展的目标，前瞻性地设置相关学科专业，针对性地调整过时错位的课程实习科目设置等，进而完成职业教育和普通教育结构比例的优化动态调整。

当前，高等教育产学研融合度已经成为衡量国与国高等教育竞争力的一个流行指标。我国拥有庞大的高等教育办学规模，近年来在高等教育产学研办学结合上也实现了长足的发展，这得益于我国工业经济体系的门类齐全和经济总量的逐年攀升，然而对比欧美发达国家，就能看出国内高等教育与产学研的协调上依然较为粗糙和僵硬。因此，应当继续明确办学方向、优化教育体系、提高现代化治理能力，要将高等教育的育人观实现个性化、差异化调整。进一步加强高等教育产学研结合度，高校要根据国家对新质生产力发展所重点关注的战略性新兴产业和未来产业加大研发力度，特别是实现大数据、人工智能、大健康等领域积极突破服务国家和区域战略需求。中西部高校虽然科研能力稍弱，可针对性地发挥本地区本校优势，依托国家东西部对口帮扶支持政策和"东数西算"、民族特色产业、非遗文化传承等与地方政府和企业单位联合共建产学研基地培育高素质人才队伍。

职业教育的发展能力很大程度上反映了国家产业经济与人才队伍衔接的强度和高度。发达国家普遍存在着不弱于高等教育体现的完善深厚的职业教育培育体系，而这往往是发展中国家容易忽略的教育体系分支。与高等教育类似，我国职业教育培养规模同样位居世界前列，然而放大来看，学生的培养模式和培育质量上依然有很大的提升空间。比较尖锐的矛盾在于职业院校培育的学生与企业需求呈现明显的错位，由此导致学生上岗后依然需要进行二次学习培训，对彼此造成较大的时间和资源浪费。因此，有必要深入开展职业教育办学结构和专业设置的市场化调研，及时根据实际发展情况进行动态调整。同时加快职业教育本科化进程，并探索职业教育与高等教育的衔接新模式，使中职—高职—本科—研究生能实现有效学历提升。职业院校要更加注重与企业单位的动态联系，避免单方面闭门造车式教学，积极引入行业导师，共同构建互惠互利的专业建设平台，实现产业链人才的高度契合式培养。

（四）完善国际办学制度：有效推进国内职业教育赶超国际办学水平

国际化办学是培育具备全球视野的高层次人才的重要途径，我国高等教育的国际化办学已经开展多年并取得较多成效，然而在职业教育领域的国际化办学却远远不足,难以满足职业教育体系的完善需求。因此,首先,要建立健全管理能力和保障体系,这是实现职业教育国际化办学长久稳定发展的前提。要站在国际化办学视域制定好发展规划,设计好学校国际化办学的发展目标和实现路径。进一步优化行政机构设置,建立健全制度体系,及时调整删除烦冗低效的过时制度条款,为推行国际化办学和简化国内外学生进出创造便捷通道。同时要创新考核指标,将国际化办学能力和完成度融入二级教学院部的年终目标考核体系中,鼓励但不强制完成相应指标,充分调动全校参与国际化办学的积极性。其次,强化特色学科专业建设,培育国际化技能型人才。要根据本校本区域特色优势学科专业实际,进一步发挥长处落到实处,通过强化国际化师资培育来提升职业院校国际化学科专业育人能力。积极开展职业院校的国内外交流访学互动,借助政府职能部门协调,根据专业分类,与国际优秀职业院校建立结对互动体制,实现短期到长期的培养交流项目。最后,积极提升职业院校的国际化办学影响力。通过境外合作办学、开展国际培训、加强学术交流和人才交流以及举办国内—国际技能人才比赛等多种方式将国内优秀职业教育品牌推出去,提升国内职业教育办学的影响力。积极服务合资企业对复合型人才的需求,培养一批熟悉中华文化、精通中国职业教育标准的高质量技能人才。

第十四章

研究结论与展望

党的十八大以来，党和国家高度关注中等职业教育教师队伍"工匠精神"培育工作，教育部等部门对此高度重视并进行了一系列高瞻远瞩的政策和理论指导。中等职业教育是我国职业教育的主要形式，特别是农村职业教育，为我国社会主义建设和农村经济发展提供了大量的人才支撑和技术保证。然而随着产业结构的调整与经济增长方式的转变，传统的中等职业教育，特别是贫困地区中等职业教育面临着越来越严重的危机。针对贫困地区中职教育的不平衡不充分发展，一是要明确办学定位、统筹规划管理；二是要努力增加生源数量、提升生源质量；三是要增强师资实力、打造"双师型"队伍；四是要加强与对口帮扶城市的教育联系。针对中职教育与高职教育贯穿的弊病，可从打造中高职一体化无缝衔接机制与树立正确的中职教育职业导向着手。中职毕业生的职业竞争力是体现中职教育成果的直接表征，应大力整治中职学校教风学风、加强师生危机感与忧患意识教育、开展中职教师的"工匠精神"培育工作，随机应变，拓展职业新方向。

百年大计，教育为本。《中国教育现代化 2035》提出，推进教育现代化的总目标是到 2020 年，全面实现"十三五"发展目标，教育总体实力和国际影响力显著增强，劳动年龄人口平均受教育年限明显增加，教育现代化取得重要进展，为全面建成小康社会作出重要贡献。在此基础上，再经过 15 年的努力，到 2035 年，总体实现教育现代化，迈入教育强国的行列，推动我国成为学习大国、人力资源强国和人才强国，为21 世纪中叶建成社会主义现代化强国打下坚实基础。2035 年的主要发展目标是建成服务全民终身学习的现代教育体系，有质量的学前教育得到普及，义务教育实现优质均衡，高中阶段教育全面普及，职业教育服务能力显著提高，高等教育竞争力显著增强，残疾儿童少年享有适宜的教育，形成全社会共同参与的教育管理新格局。作为职业学校，要加强"双师型"教师队伍建设，加强师德师风建设，切实提高教师思想政治素质和职业道德水平。依靠龙头企业和高水平高等学校建设一批国家级职业教育"双师型"教师培养培训基地，开发职业教育师资培养课程体系，开展定制化、个性化培养培训。实施提高职业教育教师学历的措施，对职业教育教师和毕业生实施有针对性的教育。实施职业学校名师（名匠）名校长培养计划。设置灵活的用人机制，采取固定岗与流动岗相结合的方式，支持职业学校公开招聘行业企业业务骨干、优秀技术和管理人才任教；创建一系列特定的行业领导职位，招聘有进取心的工程技术人员、高素质人才、管理人员、工匠等。遵守规则，通过兼任、共同学习和参与项目等方式在学校工作。职业教育作为提升农民教育水平、提高农民转移劳动力素质的最直接最重要的教育载体，乡村振兴战略的提出对培养新兴职业农民提出了更高的要求，应当认真学习贯彻习近平总书记关于教育的重要论述。结合本地区本学校发展实际，深入体制改革，强化校企合作与产校融合，扎实稳步将中职"双师型"教师队伍建设向前推进，从而更好地实现我国职业教育的全面发展并服务于中华民族伟大复兴事业。

参考文献

著作类：

[1] 乔治·萨顿. 希腊黄金时代的古代科学 [M]. 鲁旭东, 译. 郑州：大象出版社, 2010.

[2] 贝尔纳·斯蒂格勒. 技术与时间：艾比米修斯的过失 [M]. 裴程, 译. 南京：译林出版社, 1999.

[3] 亚力克·福奇. 工匠精神——缔造伟大传奇的重要力量 [M]. 陈劲, 译. 杭州：浙江人民出版社, 2014.

[4] 雅克·勃莱尔. 欧洲书简 [M]. 郭定安, 译. 北京：生活·读书·新知三联书店, 2004.

[5] 梁成艾. 职业学校"双师型"教师专业化发展论 [M]. 成都：西南交通大学出版社, 2014.

[6] 闻人军. 考工记译注 [M]. 上海：上海古籍出版社, 2008.

[7] 何庆先. 中国历代考工典（第4卷）考工总部 [M]. 南京：江苏古籍出版社, 2023.

[8] 余同元. 传统工匠及其现代转型研究——以江南早期工业化中工匠技术转型与角色转型为中心 [M]. 天津：天津古籍出版社, 2012.

论文类：

[1] 张守祥．中等和高等职业教育衔接的制度研究［J］．教育研究，2012，33（7）．

[2] 张志增．实施乡村振兴战略与改革发展乡村职业教育［J］．中国职业技术教育，2017（34）．

[3] 曲铁华，李楠．改革开放以来我国乡村职业教育政策影响因素及特征研究［J］．河北师范大学学报（教育科学版），2014，16（1）．

[4] 曹晔．我国乡村职业教育近三十年办学经验的回顾与思考［J］．职业技术教育，2009，30（25）．

[5] 周化明，袁鹏举，曾福生．中国农民工职业教育：需求及其模式创新——基于制造和服务业 1141 个农民工的问卷调查［J］．湖南农业大学学报（社会科学版），2011（6）．

[6] 于伟，张力跃，李伯玲．我国农村职业教育发展的困境与对策［J］．东北师大学报（哲学社会科学版），2006（4）．

[7] 葛道凯．习近平重要教育论述对教育改革发展的重大意义［J］．中国职业技术教育，2016（19）．

[8] 薛二勇，刘爱玲．习近平教育思想：中国教育改革的旗帜与方向［J］．中国教育学刊，2017（5）．

[9] 钟世潋．论习近平系列谈话与职业教育发展［J］．职业技术教育，2017，38（16）．

[10] 曹中秋．习近平教育思想研究［J］．学校党建与思想教育，2017（4）．

[11] 苏国红，李卫华，吴超．习近平"立德树人"教育思想的主要内涵及其实践要求［J］．思想理论教育导刊，2018（3）．

[12] 王磊，肖安宝．新形势下我国教育事业改革发展的科学指

南——习近平教育思想管窥［J］. 广西社会科学，2016（3）.

［13］刘春田，马运军. 习近平教育思想探析［J］. 中共南京市委党校学报，2015（5）.

［14］易兰华. 高职院校"双师型"教师评价研究文献综述［J］. 教育科学论坛，2023（18）.

［15］蔡晓良，庄穆. 国外教育评价模式演进及启示［J］. 高教发展与评估，2013（3）.

［16］杨莎莎. 国外"双师型"师资培养模式比较及对我国的启示［J］. 成人教育，2007（6）.

［17］林杏花. 国外高职"双师型"教师队伍建设的经验及启示［J］. 黑龙江高教研究，2011（3）.

［18］谢定生，龙筱刚. 德国"双元制"职业教育师资培养模式及其启示［J］. 湖北广播电视大学学报，2010，30（9）.

［19］马彦，周明星. 日本、乌克兰"双师型"教师培养模式及借鉴［J］. 职业技术教育，2004，25（34）.

［20］李剑. 五国中等职业教育人才培养模式的文化比较［J］. 比较教育研究，2001（6）.

［21］吴忠魁，陈朋. 四国中等职业教育的课程设置经验及其对我国的启示［J］. 比较教育研究，2012（6）.

［22］王迩淞. 工匠精神［J］. 中华手工，2007（4）.

［23］蒋梅. 论先秦工匠艺人的艺术精神［J］. 商丘职业技术学院学报，2007（1）.

［24］曾伟，姜焕叶. 浅谈高职院校校企合作中的问题及措施［J］. 湖北经济学院学报（人文社会科学版），2011，8（7）.

［25］石大宇. 设计的中国思维［J］. 室内设计与装修，2018（5）.

［26］张蕊．感性凶猛的"工匠精神"［J］．华东科技，2013（5）．

［27］钱超．"屌丝"CEO 罗永浩的个人品牌：工匠精神［J］．国际公关，2013（5）．

［28］陈昌辉，刘蜀．工匠精神——中国制造在呼唤，职业教育应担当［J］．职业，2015（20）．

［29］王丽杰．工匠精神与价值型企业［J］．印刷经理人，2015（4）．

［30］邓成．当代职业教育如何塑造"工匠精神"［J］．当代职业教育，2014（10）．

［31］梁卿．工匠精神应在哪里孕育？［J］．职业教育研究，2017（5）．

［32］王文涛．刍议"工匠精神"培育与高职教育改革［J］．高等工程教育研究，2017（1）．

［33］曹靖．我国"工匠精神"培育研究的回顾、反思与展望［J］．职业技术教育，2017，38（34）．

［34］熊峰，周琳．"工匠精神"的内涵和实践意义［J］．中国高等教育，2019（10）．

［35］庄西真．多维视角下的工匠精神：内涵剖析与解读［J］．中国高教研究，2017（5）．

［36］张旭刚．高职"双创人才"培养与"工匠精神"培育的关联耦合探究［J］．职业技术教育，2017，38（13）．

［37］黄君录．高职院校加强"工匠精神"培育的思考［J］．教育探索，2016（8）．

［38］张旭刚．高职院校培育工匠精神的价值、困囿与掘进［J］．教育与职业，2017（21）．

[39] 于洪波，马立权. 高职院校培育塑造学生工匠精神的路径探析 [J]. 兰州教育学院学报，2016，32（8）.

[40] 李进. 工匠精神的当代价值及培育路径研究 [J]. 中国职业技术教育，2016（27）.

[41] 李宏伟，别应龙. 工匠精神的历史传承与当代培育 [J]. 自然辩证法研究，2015，31（8）.

[42] 孟源北，陈小娟. 工匠精神的内涵与协同培育机制构建 [J]. 职教论坛，2016（27）.

[43] 匡瑛，井文. 工匠精神的现代性阐释及其培育路径 [J]. 中国职业技术教育，2019（17）.

[44] 刘建军. 工匠精神及其当代价值 [J]. 思想教育研究，2016（10）.

[45] 肖群忠，刘永春. 工匠精神及其当代价值 [J]. 湖南社会科学，2015（6）.

[46] 张铮. 当代工匠精神与职业教育研究 [J]. 哈尔滨职业技术学院学报，2016（6）.

[47] 王慧慧，于莎. 工匠精神：我国技能型人才培育的行动纲要 [J]. 河北大学成人教育学院学报，2016（3）.

[48] 王丽媛. 高职教育中培养学生工匠精神的必要性与可行性研究 [J]. 职教论坛，2014（22）.

[49] 庄群华. 培育工匠精神：高职院校的应为与可为 [J]. 南京航空航天大学学报（社会科学版），2016（3）.

[50] 贾秀娟. 产教融合视域下职业院校工匠精神培育的路径选择 [J]. 职业技术教育，2018，39（14）.

[51] 刘洪银. 从学徒到工匠的蜕变：核心素养与工匠精神的养成

[J]. 中国职业技术教育, 2017 (30).

[52] 李营, 雷忠良. 高职教育培养工匠精神的思考与探索 [J]. 中国职业技术教育, 2018 (18).

[53] 刘晴. 高职培育"工匠精神"的现实困境与理性思考 [J]. 高等职业教育探索, 2017, 16 (1).

[54] 孔宝根. 高职院校培育"工匠精神"的实践途径 [J]. 宁波大学学报 (教育科学版), 2016, 38 (3).

[55] 赵晨, 付悦, 高中华. 高质量发展背景下工匠精神的内涵、测量及培育路径研究 [J]. 中国软科学, 2020 (7).

[56] 叶美兰, 陈桂香. 工匠精神的当代价值意蕴及其实现路径的选择 [J]. 高教探索, 2016 (10).

[57] 刘东海, 吴全全, 闫智勇, 等. 工匠精神视域下职业教育教师专业化发展的困境和路径 [J]. 中国职业技术教育, 2019 (6).

[58] 刘志国, 刘志峰, 张向阳. 基于产教融合视角的工匠精神培育研究 [J]. 中国高等教育, 2018 (17).

[59] 李梦卿, 任寰. 技能型人才"工匠精神"培养: 诉求、价值与路径 [J]. 教育发展研究, 2016, 36 (11).

[60] 刘文韬. 论高职学生"工匠精神"的培养 [J]. 成都航空职业技术学院学报, 2016, 32 (3).

[61] 王继平. 认真学习贯彻全国职业教育工作会议精神进一步加大职业教育师资队伍建设工作的力度——在全国重点建设职教师资基地第四次协作会上的讲话 [J]. 中国职业技术教育, 2004 (26).

[62] 王筱婧. 容身职业教育培养大国工匠 [J]. 宁夏教育, 2017 (4).

[63] 张斯元. 职业教育过程中工匠精神培养的研究 [J]. 现代职

业教育，2016（11）.

[64] 杨萌. 职业教育培育工匠精神的研究现状与反思 [J]. 教育科学论坛，2017（4）.

[65] 简莹. 论职业教育中如何培养"工匠精神" [J]. 科教导刊（中旬刊），2017（5）.

[66] 杨家琳，冷慧. "工匠精神"——瑞士职业教育对我国中等职业教育的启示 [J]. 校园英语，2017（20）.

[67] 潘愉乐. 工匠精神与中职学生职业意识的培养 [J]. 广东职业技术教育与研究，2017（1）.

[68] 黎帝兴. 弘扬"工匠精神"，引领中职教师专业成长 [J]. 现代职业教育，2016（33）.

[69] 陈丽英. 中等职业学校培育"工匠精神"的途径初探 [J]. 宁夏教育，2016（11）.

[70] 张捷树. 中职学校培育工匠精神的问题与对策 [J]. 当代职业教育，2017（1）.

[71] 李书标. 中职学校推进工匠精神的做法与经验 [J]. 教育现代化，2017（19）.

[72] 郭卫红. 中职学校学生工匠精神的培养 [J]. 中外企业家，2016（35）.

[73] 陈磊，谢长法. 瑞士现代职业教育体系的透视及启示 [J]. 职教论坛，2016（34）.

[74] 叶建辉. 地方中职学校"双师型"教师队伍建设的思考 [J]. 中等职业教育（理论），2011（10）.

[75] 王雪梅. 对中职"双师型"教师队伍建设的思考 [J]. 河南教育，2015（11）.

[76] 黄智科，黄彦辉．对中职"双师型"教师认定及培养的思考 [J]．河南教育，2015（10）．

[77] 钟捷，柴小玲．关于中职学校"双师型"教师队伍建设的思考 [J]．职业，2017（8）．

[78] 班祥东，谌湘芬．国家示范校中职"双师型"教师培养途径的研究——以广西玉林农业学校为例 [J]．职业时空，2013（5）．

[79] 雷林子．职校的"双师型"教师队伍建设分析 [J]．现代职业教育，2017（6）．

[80] 闫朝辉．新常态下中职学校"双师型"教师队伍建设策略研究 [J]．职业，2017（15）．

[81] 丁莉．试论中职院校双师型教师队伍建设管理 [J]．亚太教育，2016（9）．

[82] 吕大章．试论中职学校"双师型"教师的专业成长 [J]．职业教育研究，2016（11）．

[83] 莫坚义．中职"双师型"教师队伍建设的实践探索 [J]．广西教育学院学报，2013（5）．

[84] 梁成艾．中职学校"双师型"教师专业化发展之路径研究 [J]．职业教育研究，2014（8）．

[85] 易玉屏，夏金星．职业教育"双师型"教师内涵研究综述 [J]．职业教育研究，2005（10）．

[86] 余燕．王湛副部长"施政第一讲"：把职业教育做大最强 [J]．职业技术教育（旬刊），2000（24）．

[87] 黄尧．大力加强职教师资队伍建设努力造就一支高素质的职教师资队伍 [J]．中等医学教育，2000（10）．

[88] 曹晔．我国职业教育"双师型"师资的内涵及发展趋势

[J]. 教育发展研究, 2007 (19).

[89] 肖凤翔, 张弛. "双师型" 教师的内涵解读 [J]. 中国职业技术教育, 2012 (15).

[90] 余同元. 传统工匠及其现代转型界说 [J]. 史林, 2005 (4).

[91] 薛栋. 中国工匠精神研究 [J]. 职业技术教育, 2016, 37 (25).

[92] 马树超, 张晨, 陈嵩. 中等职业教育区域均衡发展的成绩、问题和对策 [J]. 教育研究, 2011, 32 (5).

[93] 张祺午, 房巍, 郝卓君. 十八大以来农村地区、民族地区、贫困地区职业教育发展报告 [J]. 职业技术教育, 2017, 38 (24).

[94] 赵伟. 新时代职业教育主要矛盾析 [J]. 中国职业技术教育, 2017 (34).

[95] 张万朋. 对我国中等职业教育经费现状的分析及相关思考 [J]. 清华大学教育研究, 2010, 31 (2).

报刊:

[1] 张刃. 退休 "大工匠" 的技能与精神应传承下去 [N]. 工人日报, 2007-09-19 (3).

[2] 王义澄. 建设 "双师型" 专科教师队伍 [N]. 中国教育报, 1990-12-05 (3).

[3] 赵勇军. 东部8城市新一轮对口帮扶贵州三年投入11亿元 [N]. 贵州日报, 2016-06-19 (1).

外文类:

[1] California Department of Education, California State Board of Edu-

cation. Career Technical Education Frame—work for California Public Schools (Grades Seven Through Twelve) [EB/OL] . http: //www. cde. ca. gov/ci/ ct/sf/documents/cteframework. pdf, 2007.

[2] MASLOW A H. Motivation and Personality [M]. London: Pearson, 1962.

[3] SMITH R, BETTS M. Learning as partners: realizing the potential of work – based learning [J] . Journal of Vocational Education & Training, 2000, 52 (4).

[4] GREEN A, LENEY T, WOLF A. Convergence and Divergence in European Education and Training Systems [M]. London: University of London Press, 1999.

后　记

　　经过三年多的艰辛努力，《工匠精神及其养成研究》一书终于完稿并交付出版社，任务总算完成，这里似乎可以长长地舒口气，故作轻松地说上几句话。老实讲，一路写来，辛苦备尝，其中的冷暖甘苦读者虽不难通过文字感知，但古人有言：如人饮水，冷暖自知。作为当事人，或许最有发言权，无论是呈现于书面上文字类的东西，还是文字背后情感类的辛苦。应该讲，本书倾注了笔者的不少心血，不知心血的付出能否得到阅读者的认同或赞许，但笔者现在颈椎还隐隐作痛却是实实在在的证明。本书对工匠精神及其养成研究的内涵、表征、路径、平台等力图做较深入的探索，笔者虽精疲力竭但仍远未穷其要旨，这不仅限于笔者的水平与视野，同时也与我们所要探究的职业学校"双师型"教师工匠精神这一富于实践性、操作性的有着丰富内涵的命题有着很大的关联。但令笔者欣慰的是，终于对其内涵和对策进行了一定程度的探讨，现将该探讨成果谨奉于世，权作探讨之用，当然更是为引玉，引起大家对这一问题的充分重视，加深理解，甚至解决问题。如能达到这一效果，笔者也倍感欣慰。故虽有惶惑，但仍不惮简陋，将拙作呈现出来，奉于大家，期待批评与指正。

　　另外，本书之所以能够成书出版，得益于诸多领导、同事的支持与提携，尤其是铜仁学院原校长侯长林和铜仁学院研究生院院长梁成艾两位同志在繁忙的行政工作之余，不辞辛苦地为本书做宏观指导。应该讲，在经济大潮的冲击下，笔者能够潜下心来专于写作，正赖于此。在此，谨表示最为诚挚的感谢。此外，在本书的撰写过程中，引用参考了许多前贤进修的研究成果，在此，也对他们致以深深的敬意。同时需要说明的是，尽管笔者力图实现突破陈陈相因的单线陈述，力图呈现思考的厚度和广度，但由于工作时间紧、任务重及行政工作的烦琐，使人不胜其烦，这或许是当下身处高校行政化体系下的很多学人，甚至是教师的通感。当然，毋庸讳言，这与笔者本人的笔力与学识亦有很大关联，我在这种痛苦的写作过程中时时刻刻煎熬着、挣扎着，这里借本书的最终出版，一并接受检阅与批评。

杨福林

2023 年 9 月